泸州市泸县中央财政"三农"服务专项及四川省科技项目"旺苍县农业气候资源与农业生产技术关联系统开发应用"(2018JY0341)资助

泸县气象防灾减灾
知识读本

先开华　唐林琴　徐　强　等　编著

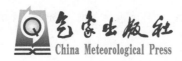

内 容 简 介

本书融会了气象基本知识、泸县常见气象灾害及个人如何应对气象灾害等基本知识,包含了泸县地理概况和气候特征、气象灾害及其次生灾害特征、气象灾害风险区划、气象与粮油作物生产、气象与龙眼种植、气象灾害对相关行业的影响及其防御措施、气象灾害防御管理等内容。通过本书,读者可了解气象灾害防御基本知识,提高应对自然灾害的能力,有助于减轻灾害性天气气候对人民生命财产安全和农业生产等方面的危害。

图书在版编目(CIP)数据

泸县气象防灾减灾知识读本/先开华等编著. --北京:气象出版社,2018.11

ISBN 978-7-5029-6867-0

Ⅰ. ①泸… Ⅱ. ①先… Ⅲ. ①气象灾害-灾害防治-基本知识-泸县 Ⅳ. ①P429

中国版本图书馆 CIP 数据核字(2018)第 259734 号

Luxian Qixiang Fangzai Jianzai Zhishi Duben
泸县气象防灾减灾知识读本

出版发行:气象出版社

地　　址:北京市海淀区中关村南大街 46 号　　**邮政编码**:100081

电　　话:010-68407112(总编室)　010-68408042(发行部)

网　　址:http://www.qxcbs.com　　**E-mail**:qxcbs@cma.gov.cn

责任编辑:王凌霄　张锐锐　　　　　　　　**终　　审**:吴晓鹏

责任校对:王丽梅　　　　　　　　　　　　**责任技编**:赵相宁

封面设计:博雅思企划

印　　刷:北京建宏印刷有限公司

开　　本:710 mm×1000 mm　1/16　　　　**印　　张**:9.625

字　　数:170 千字

版　　次:2018 年 11 月第 1 版　　　　　　**印　　次**:2018 年 11 月第 1 次印刷

定　　价:48.00 元

编写组名单

编写组成员：唐林琴　先开华　徐　强　冉　靖
　　　　　　张开越　何树新　赵建华
统　　　稿：唐林琴　先开华　上官昌贵

泸县隶属四川省泸州市,古称江阳,是全国100个"千年古县"之一,始建于汉武帝建元六年(公元前135年),位于长江北岸,属长江、沱江交汇区,辖区面积1532平方公里,辖19个镇和1个街道办事处,人口109万。泸县属典型浅丘地貌,气候属中亚热带季风气候兼有南亚热带气候属性,四季分明,雨量充沛,气候温和,光照充足,无霜期长。泸县是四川省首批扩权县、西部经济百强县、全国平安建设先进县、国家卫生县城、全国不动产统一登记试点县、全国农村土地改革试点县。泸县也是农业大县,是全国生猪调出大县、商品粮生产基地县和粮食生产、农田水利基本建设、科技进步县,国家级杂交水稻种子生产基地县。

目前,泸县全县人民正以习近平新时代中国特色社会主义思想为指引,深入实施"两化互动强县、文化旅游兴城、产业新村富民"战略,紧紧围绕"建成四个新区,率先全面小康"奋斗目标,聚焦"项目攻坚、绿色发展"工作主题,大力实施"创新驱动、产城融合、文旅联动、富民强县"发展战略,加快融入泸州主城区一体化发展,全面推进经济社会均衡发展、充分发展、绿色发展。

党的十九大提出要"健全公共安全体系,完善安全生产责任制,坚决遏制重特大安全事故,提升防灾减灾救灾能力"。中共中央、国务院《关于推进防灾减灾救灾体制机制改革的意见》要求,紧紧围绕统筹推进"五位一体"总体布局和协调推进

"四个全面"战略布局,牢固树立和落实新发展理念,坚持以人民为中心的发展思想,正确处理人和自然的关系,正确处理防灾减灾救灾和经济社会发展的关系,坚持以防为主、防抗救相结合,坚持常态减灾和非常态救灾相统一,努力实现从注重灾后救助向注重灾前预防转变,从应对单一灾种向综合减灾转变,从减少灾害损失向减轻灾害风险转变,落实责任、完善体系、整合资源、统筹力量,切实提高防灾减灾救灾工作法治化、规范化、现代化水平,全面提升全社会抵御自然灾害的综合防范能力。

在全球气候变化的背景下,暴雨、干旱、高温、雷电等气象灾害,及其暴雨引发的山洪、地质灾害,严重威胁泸县经济、社会的发展,尤其影响泸县由传统农业大县向现代农业强县的发展。为避免或减少全县因气象灾害造成的人员伤亡和财产损失,合理利用气候资源,促进全县经济社会高质量快速发展,泸县气象局组织编印了这本《泸县气象防灾减灾知识读本》,旨在使公众了解气象知识、气象灾害避险常识及如何减少气象灾害带来的损失,使各类生产经营者能够合理利用气候资源,兴利避害,为全县经济和社会高质量发展做出贡献。

泸县人民政府副县长 杜尔文

目录 ▶▶▶
CONTENTS

第 **1** 章 ▶▶▶

气象基础知识

1.1 天气术语

1.1.1 天气

某一区域在某一短时段内的大气状态,是大气中气象要素和天气现象及其变化的综合总称。

1.1.2 气温

气象学上把表示空气冷热程度的物理量称为空气温度,简称气温,气温度量单位以摄氏度(℃)表示。

天气预报中所说的气温,是指在野外空气流通、不受太阳直射下离地 1.5 米处测得的空气温度(一般在百叶箱内测定)。最高气温是一日内气温的最高值,一般出现在 14—15 时;最低气温是一日内气温的最低值,一般出现在早晨 05—06 时。

1.1.3 湿度

空气湿度是表示空气中的水汽含量和潮湿程度的物理量。

在一定温度下,一定体积的空气里含有的水汽越少,则空气越干燥;水汽越多,则空气越潮湿。湿度是指离地面 1.5 米高度上百叶箱内测的空气湿度。常用水汽压、相对湿度、露点温度来表示湿度的大小。

1.1.4 降雨量

降落在地面上的降水未经蒸发、渗透和流失而积聚的深度,以毫米为单位,气象观测中取一位小数。降水分为液态降水和固态降水。

降水的等级划分见表 1-1。

表 1-1　降水的等级划分表

降水等级用语	12 小时降水总量(毫米)	24 小时降水总量(毫米)
毛毛雨、小雨、阵雨	0.1~4.9	0.1~9.9
小雨~中雨	3.0~9.9	5.0~16.9
中雨	5.0~14.9	10.0~24.9
中雨~大雨	10.0~22.9	17.0~37.9
大雨	15.0~29.9	25.0~49.9
大雨~暴雨	23.0~49.9	38.0~74.9
暴雨	30.0~69.9	50.0~99.9
暴雨~大暴雨	50.0~104.9	75.0~174.9
大暴雨	70.0~139.9	100.0~249.9
大暴雨~特大暴雨	105.0~169.9	175.0~299.9
特大暴雨	≥140.0	≥250.0

1.1.5 日照

日照是指太阳在一地实际照射的时数,以小时为单位,取一位小数。日照时数分理论日照时数和实际日照时数。理论日照时数决定于地理纬度和太阳赤纬,为日出至日落的时间。实际日照时数决定于纬度、气候、地形等条件,为气象观测的日照时间。

1.1.6 能见度

物体能被正常目力看到和辨认的最大距离。能见度分为白天能见度和夜间能见度。

白天能见度是指视力正常者,能从天空背景中看到和辨认的目标物(黑色、大小适度)的最大水平距离。

夜间能见度是指:(1)假定总体照明增加到正常白天水平,适当大小的黑色目标物能被看到和辨认的最大水平距离;(2)中等强度的发光体能被看到和识别的最大水平距离。

1.1.7　风

风是指空气相对于地面的运动产生的气流。地面观测为水平运动的风,用风向和风速表示。

风向分十六个方位,是指风吹来的方向;风速是指空气单位时间水平移动的距离,单位为米/秒(m/s)。规定时间段的平均情况表示平均风速,瞬间情况代表瞬时风速。风的强度用风速表示,一般采用风级或米/秒来衡量,分十八级。如表 1-2。

表 1-2　风速与风级对照表

风级	名称	风速(米/秒)	陆地物象	水面物象
0	无风	0.0~0.2	烟直上,感觉没风	平静
1	软风	0.3~1.5	烟能表示风向,风向标不转动	微波峰无飞沫
2	轻风	1.6~3.3	感觉有风,树叶有一点响声	小波峰未破碎
3	微风	3.4~5.4	树叶树枝摇摆,旌旗展开	小波峰顶破裂
4	和风	5.5~7.9	吹起尘土、纸张、灰尘、沙粒	小浪白沫波峰
5	劲风	8.0~10.7	小树摇摆,湖面泛小波,阻力极大	中浪折沫峰群
6	强风	10.8~13.8	树枝摇动,电线有声,举伞困难	大浪到处飞沫
7	疾风	13.9~17.1	步行困难,大树摇动,气球吹起或破裂	破峰白浪成条
8	大风	17.2~20.7	折毁树枝,前行感觉阻力很大	浪长高有浪花
9	烈风	20.8~24.4	屋顶受损,瓦片吹飞,树枝折断	浪峰倒卷
10	狂风	24.5~28.4	拔起树木,摧毁房屋	海浪翻滚咆哮
11	暴风	28.5~32.6	损毁普遍,房屋吹走,有可能出现沙尘暴	波峰全呈飞沫
12	台风	32.7~36.9	陆上极少,造成巨大灾害,房屋吹走	海浪滔天
13	—	37.0~41.4		
14	—	41.5~46.1		
15	—	46.2~50.9		
16	—	51.0~56.0		
17	—	56.1~61.2		

1.1.8　雨

雨是从云中降落的水滴。呈液态降水,下降时清楚可见,强度变化比较缓慢,落在水面上会激起波纹和水花,落在干地上可留下湿斑。

1.1.9　雪

固态降水,大多是白色不透明的六出分枝的星状、六角形片状结晶,常缓缓飘落,强度变化较缓慢。湿度较高时多成团降落。

1.1.10 冰雹

坚硬的球状、锥状或形状不规则的固态降水,雹核一般不透明,外面有透明的冰层,或由透明的冰层与不透明的冰层相间组成。

冰雹也称为"雹",俗称雹子,有的地区称为"冷子",夏季或春夏之交最为常见。它是一些小如绿豆、黄豆,大似栗子、鸡蛋的冰粒。当地表的水被太阳曝晒气化,然后上升到空中,许许多多的水蒸气在一起,凝聚成云,遇到冷空气液化,以空气中的尘埃为凝结核,形成雨滴,越来越大,大到上升气流托不住,就下雨了,遇到冷空气、凝结核,水蒸气凝结成冰或雪,就是下雪了,如果温度急剧下降,就会结成较大的冰团,也就是冰雹。

1.1.11 雾

雾是指悬浮在贴近地面的大气中的大量微细水滴(或冰晶)的可见集合体。雾使地面的水平能见度降低。使能见度降低到 1 千米以下的称为雾。

1.1.12 霾

霾是指大气中出现大量微小尘粒、烟粒或盐粒等浮游空中,使空气混浊,能见度大幅下降的天气现象。

1.1.13 寒潮

所谓寒潮,是指来自高纬度地区的寒冷空气,在特定的天气形势下迅速加强并向中低纬度地区入侵,造成沿途地区剧烈降温、大风和雨雪天气。这种冷空气南侵达到一定的标准就称为寒潮。寒潮一般多发生在秋末、冬季、初春时节。四川省的寒潮标准为:每年 3—4 月、10—11 月 72 小时内日平均气温连续下降 8 ℃及以上,或 12 月到翌年 2 月 72 小时内日平均气温连续下降 6 ℃及以上的降温天气过程,称为寒潮。

寒潮是一种大范围的天气过程,在全国各地都可能发生,可以引发霜冻、冻害等多种自然灾害。

1.1.14 干旱

干旱是一种水量相对亏缺的自然现象。通常指淡水总量少,不足以满足人们的生存和经济发展需求的气候现象。

干旱使供水水源匮乏,除危害作物生长、造成作物减产外,还危害居民生活,影响工业生产及其他社会经济活动。干旱后则容易发生蝗灾,干旱是自然现象,干旱并不等于旱灾,干旱只有造成损失才能成为灾害。干旱灾害不仅是自然问题,也是社会问题。

1.1.15　洪涝

洪涝指因大雨、暴雨或持续降水使低洼地区淹没、渍水的现象。洪涝主要淹没农田、毁坏环境与各种设施,危害农作物生长,造成作物减产或绝收、交通阻塞等。其影响严重时还会危及人的生命财产安全,影响国家的长治久安。

洪涝灾害具有双重属性,既有自然属性,又有社会经济属性。它的形成必须具备两方面条件:(1)自然条件。中国是世界上多暴雨的国家之一,气候异常,降水集中、量大是产生洪涝灾害的直接原因。我国降水的年际变化和季节变化大,一般年份雨季集中在 7 月和 8 月。(2)社会经济条件。只有当洪水发生在有人类活动的地方才能成灾。受洪水威胁最大的地区往往是江河中下游地区,而中下游地区因其水源丰富、土地平坦又常常是经济发达地区。

1.1.16　天气现象

天气现象是指在测站上和视区内出现的降水现象、水汽凝结现象(云除外)、冻结物、大气尘粒现象、光、电现象及一些风的特征等。例如:雨、毛毛雨、雪、冰雹、冰粒、冰针、霰、烟、浮尘、霾、吹雪、沙尘暴、雷暴、极光、龙卷、大风等。

广义地讲,人们常习惯于把天气的冷热、燥湿和风云变化等也都列入天气现象的范畴。天气现象是大气中发生的各种物理过程的综合结果,是大气物理状态的反映,因而也是天气分析、预报的重要项目。

1.1.17　天气图上的“高”和“低”的含义

地球表面的不同地区,会有不同的气压。在天气图上标有“高”字的,即为高压区;标有“低”字的,即为低压区。空气也和水一样,能够流动。通常,风总是从高压区流向低压区。

高压区是在海拔相同情况下,中心气压高于毗邻四周气压的区域,有的称作反气旋。高压地区的空气,往往有下沉运动,故天气晴朗,但有时会出现雾。

低压区的气流自外向中心流动,风一阵阵刮进低压区。低气压地区的空气,往往有上升运动,常有云、雨和降水出现。深低压区的气压极低,常常会刮八级以上的大风,在海上掀起巨浪。

1.1.18　天气预报中的"锋"

锋是指两个温度不同的气团之间的界面。两种气团相遇会引起天气变化。不同的气团相遇时,不会混合在一起,通常较强的气团在较弱的气团之上或在其下方往前推移。当一股运动着的暖空气团顶着一股冷空气团向前时,便形成暖锋。当一股冷空气团顶着一股暖空气团向前时,便形成冷锋。运动着的冷锋把与它相遇的暖空气"抬起",暖空气冷凝,于是形成巨大的风暴云,大风四起,大雨滂沱或大雪纷飞。但这种天气只持续几小时,冷锋过后不久,天气变得晴朗而干燥,气温骤降。

1.1.19　"气象"和"天气"

气象:是指发生在天空中的风、云、雨、雪、霜、露、虹、晕、闪电、打雷等一切大气的物理现象。

天气:某一地区在某一时间内(几分钟到几天)大气中气象要素和天气现象的综合。

1.2　气候术语

1.2.1　气候

气候是指整个地球或其中某一个地区一年或一段时期的气象状况的多年特点,是大气物理特征的长期平均状态,具有稳定性。温度、降水、日照、湿度、风,以及各种气象灾害等要素的均值、极值、概率等统计量是表述气候的基本依据。

1.2.2　春季

上半年连续5天滑动日平均气温稳定达到10～22 ℃时为春季,其中第一个5天中的第一天为入春日。气候统计时常用3月1日—5月31日。

1.2.3　夏季

上半年连续5天滑动日平均气温稳定≥22 ℃时为夏季,其中第一个5天中的第一天为入夏日。气候统计时常用6月1日—8月31日。

1.2.4 秋季

下半年连续 5 天滑动日平均气温稳定在 22～10 ℃时为秋季,其中第一个 5 天中的第一天为入秋日。气候统计时常用 9 月 1 日—11 月 30 日。

1.2.5 冬季

下半年连续 5 天滑动日平均气温稳定≤10 ℃时为冬季,其中第一个 5 天中的第一天为入冬日。气候统计时常用 12 月 1 日—翌年 2 月 28 日(闰年 29 日)。

1.2.6 雨季和干季

雨季是指一年中降雨量集中的季节。一般雨季降雨量占年降雨量 80％以上。

干季是指头年秋季至当年春季降雨量严重偏少的季节。一般干季降雨量只占年降雨量 20％以下。

1.2.7 汛期

一年中降水集中,引发江河水位上涨,容易发生暴雨洪涝灾害的时期。汛期常为 5—9 月。

1.3 农业气象术语

1.3.1 农业气象灾害

一般是指农业生产过程中所发生的导致减产的不利天气或气候条件的总称。

1.3.2 农业气象干旱

因降雨量长时期持续偏少,造成空气干燥,作物蒸腾强烈,致使农作物体内水分发生亏缺,影响其正常生长发育而导致减产的灾害。

1.3.3 湿害

雨水过多,导致土壤水分长期处于饱和状态,使作物遭受损害,又称渍害。

1.3.4 连阴雨

持续较长时间,对作物的播种、生长发育、开花授粉、成熟以及收获、晾晒等农事活动带来不利影响的阴雨天气。

1.3.5 高温热害

由于气温超过植物生长发育上限温度对植物生长发育及产量形成造成损害的现象。

1.3.6 干热风

由于气温高、湿度小,吹风使植物蒸腾作用急速增大,造成植株体内水分失调,导致农作物秕粒增多甚至枯死的气象灾害。

1.3.7 低温冻害

作物、果树林木及牲畜在越冬期间因遇到 0 ℃以下或长期持续在 0 ℃以下的温度造成植株死亡或部分死亡、对牲畜引起疾病死亡等现象的低温灾害。

1.3.8 低温冷害

指作物在关键生育期,温度虽在 0 ℃以上,但低于其适宜范围,引起作物生育期延迟,或使生理机能受到损害,造成减产的气象灾害。受害后作物外观无明显变化,素有"哑巴灾"之称。

1.3.9 霜冻

在作物生长期内,土壤或植株株冠附近的气温短时降至 0 ℃以下,引起作物受害或死亡的低温灾害。

1.3.10 倒春寒

在春季天气回暖过程中,前期气温正常或偏高,后期气温比常年明显偏低而对作物造成危害的一种冷害。

1.3.11 三基点温度

三基点温度是指作物生命活动过程的最适合温度、最低温度和最高温度的总称。在最适合温度下作物生长发育迅速而良好,在最高和最低温度下作物停止生长发育,但仍能维持生命,温度如果继续升高或降低就会对作物产生不同程度的危害,直至死亡。

三基点温度是最基本的温度指标,它在确定温度的有效性、作物种植季节与分布区域、计算作物生长发育速度、光合作用潜力与产量潜力等方面,都有广泛应用。

1.3.12　界限温度

农业界限温度表示作物生长关键时期的临界温度。农业气象上常用的界限温度及其农业意义如下。

0 ℃:土壤冻结和解冻、越冬作物秋季停止生长及春季开始生长的界限温度。春季 0 ℃至秋季 0 ℃之间的时段为"农耕期",低于 0 ℃的时段为"休闲期"。

3～5 ℃:早春作物播种、喜凉作物开始生长、多数树木开始生长的界限温度。春季 3 ℃(5 ℃)至秋季 3 ℃(5 ℃)之间的时段为冬作物或早春作物的生长期(生长季)。

10 ℃:春季喜温作物开始播种与生长、喜凉作物开始迅速生长、秋季水稻停止灌浆、棉花品质与产量开始受到影响的界限温度。一般来说,春季开始大于 10 ℃至秋季开始小于 10 ℃之间的时段为喜温作物的生长期。

15 ℃:初日为水稻适宜移栽期、棉苗开始生长期,终日为冬小麦适宜播种日期、水稻内含物的制造和转化受到一定阻碍的界限温度。初终日之间的时段为喜温作物的活跃生长期。

20 ℃:初日为热带作物开始生长期、水稻分蘖迅速增长期,终日对水稻抽穗开花开始有影响,往往导致空壳。初终日之间的时段为热带作物的生长期,也是双季稻的生长季节。

1.3.13　积温

积温是某一时段内逐日平均气温累计之和。它是研究作物生长发育对热量的要求和评价热量资源的一种指标,单位为摄氏度·日(℃·d)。积温分为活动积温和有效积温两种。

活动积温是指作物某个生育期或全部生育期内日活动温度的总和,称为该作物某一生育期或全生育期的活动积温。

1.3.14　农作物需水量

农作物需水量指生长在大面积农田上的无病虫害作物群体,当土壤水分和肥力适宜时,在给定环境中正常生长发育,并能达到高产潜力值的条件下,植株蒸腾、棵间土壤蒸发、植株体含水量与光合作用等生理过程所需水分之和。

后两项相对于土壤蒸发和植株蒸腾的需水量,数量很小,可忽略不计。农作物需水量通常用某时段或全生育期消耗的水层深度(毫米)或单位面积需水量(毫米/公顷)来计算。影响作物需水量的因素有气象因素、植物因素和土地因素。

1.3.15 农作物水分临界期

作物各时段需水量随生育进程而不断变化,不同生育期对水分的敏感程度也是不同的,同时也随气象条件而波动。对水分敏感,即水分过多或缺乏对产量影响最大的时期,称为作物的水分临界期。

需水多少与敏感程度是不同的概念,因此临界期不一定是作物需水量最大的时期,也不一定是需水关键期。所以,水分临界期不一定是对农作物产量影响最大的时期。

1.3.16 农作物水分关键期

如果作物对水分相当敏感,又正是当地降水条件较差且不稳定的时期,该时期就成为水分影响产量的关键时期,称为作物的水分关键期。

作物的水分关键期与水分临界期可能一致也可能不一致。如我国北方的旱地玉米,春播期间的降水对于出苗率和产量有极大影响,可以认为是一个水分关键期,但这时的需水量并不大,敏感程度也赶不上开花期,并不是需水临界期。作物水分关键期概念综合考虑了作物的特性和当地的农业气象条件,在生产上很实用。

1.3.17 水分盈亏

水分盈亏量是单位面积土壤柱水分净通量的大小和方向的表征。某单位面积土壤柱在降水或灌溉时,重力作用导致水分向下输送,直至汇入地下水流走;同时在阳光和温度的作用下,土壤中的水分将蒸发或通过植物的蒸腾作用向上输送,逸向大气。在一个时间段内,做一个总的估算,如水分向下输送为主,则称水分净通量为正,表示水分盈余,否则相反。

第 2 章

泸县地理概况

2.1 地理位置及地貌

泸县,史称江阳,建于汉武帝建元六年(公元前 135 年),至今已有 2000 多年的历史。泸县位于四川盆地南部,东经 105°10′50″至 105°45′30″,北纬 28°54′40″至 29°20′00″,南北跨度 46.8 千米,东西跨度 56.23 千米,辖区面积 1532 平方千米(图 2-1)。

图 2-1 泸县行政区划图

泸县距成都 230 千米,距重庆 130 千米,东接重庆永川,西接自贡富顺,北接内江隆昌与重庆荣昌,是川黔、川滇陆路的必经之地,也是川南门户——泸州市的北大门和卫星城。泸县境内地势由东北向西南缓倾,绝大部分属丘陵地带,海拔高度为 218.0~757.5 米,全县约有 66% 的土地分布在海拔 350.0 米以下区域。其河谷阶地、浅丘宽谷、中丘窄谷、低山深谷类型地貌各占 5.5%,60.5%,27%,7%。泸县出露的地层主要为侏罗系,次为三叠系,沿河谷零星分布第四系松散积层。其土壤酸碱度适中,保水保肥性好,有利于农作物生长。植被为南亚热带湿润常绿阔叶林带(图 2-2)。

图 2-2　泸县地形图

2.2　河流水系

泸县地处长江以北,河流均属长江水系,以长江为主干,形成极不对称的树枝状溪河,支流密布,源远流长。全县主要溪河流域中面积大于 100 平方千米的有 7 条,分别是长江、沱江、濑溪河、九曲河、马溪河、龙溪河、大鹿溪;流域面积在 30~100 平方千米的有 9 条,分别是小鹿溪、潮河、太和溪、仁和溪、云龙沟、玉河沟、猫儿沟、五通沟、鹤鸣沟;流域面积在 9~29 平方千米的有 8 条,分别是瓦厂溪、李市河、泥溪、盐水溪、宋观沟、漏孔溪、访线溪、海潮河(图 2-3)。

流域面积大于 100 平方千米的 7 条河流基本情况如下。

图例

—— 水系

图 2-3　泸县主要水系分布图

2.2.1　濑溪河

濑溪河又名沱水河,发源于大足巴岩山,流域面积 3240 平方千米,河口平均流量 37 立方米/秒,县境内流长 58 千米,是流经泸县境内最长的溪河。濑溪河上源建有上游、化龙、龙水湖等中型水库,经荣昌县城东流至邓滩入泸县境内,从北向南流经方洞、喻寺、福集、牛滩 4 个镇,经龙马潭区胡市镇汇入沱江。县内急滩 11 处,落差 47 米,拦河筑坝 7 处,已建水电站 6 座,水文站 1 座。据福集水文站实测,最大洪峰流量为 2660 立方米/秒(1956 年 8 月 18 日),最枯流量 0.01 立方米/秒(1978 年 11 月 12 日)。福集电站以下,河床宽阔,水害不大;而电站以上河床较窄,加之公路桥占据河床行洪断面,两岸受灾频繁。

2.2.2　九曲河

九曲河发源于隆昌县迎祥镇,从北向南至嘉明镇入县境,故又名嘉明河。九曲河经嘉明、福集至县城汇入濑溪河,流域面积 942 平方千米,河口平均流量 10 立方米/秒,在县境内流长 31 千米,县内落差 30 米,建有拦河坝 3 处,水电站 2 座。嘉明镇的双胜堰以下,河床平坦,河道弯曲,地势低矮,常受洪水淹没。

2.2.3　马溪河

马溪河发源于县境内毗卢镇万寿山,上源建有王河坎小型水库一座,出库后流经荣昌县境至牛脑桥折回流入泸县,流经石桥、玄滩、得胜、福集等镇,在福集镇大巫滩汇入濑溪河。流域面积292平方千米,河口平均流量2.5立方米/秒,在县境内流长41千米,县内落差49米,干流筑坝21个梯级,建有水电站5座。

2.2.4 龙溪河

龙溪河发源于永川登东山,上游建有泸县三溪口中型水库,出库后经立石、云锦、奇峰、兆雅、云龙5镇在龙马潭区龙溪口入长江。流域面积502平方千米,河口平均流量4.3立方米/秒,县内流长50千米,县内落差107米,共筑坝15处,建水电站2座。

2.2.5 大鹿溪

大鹿溪发源于永川黄瓜山,西南流入泸县艾大桥中型水库,出库后经百和镇又向东折回,在朱沱、松溉之间的李家沱汇入长江。流域面积429平方千米,河口平均流量5立方米/秒,县内流长30千米,县内落差105米,筑坝7处,建有水电站3座。

2.2.6 长江

长江发源于西藏唐古拉山主峰格拉丹东的西南部,源头称沱沱河,于兆雅镇牛背溪入县境,经太伏镇大岸溪出县境。县内流长12千米,县境出口处平均流量8000立方米/秒。

2.2.7 沱江

沱江发源于川西北茂县龙门山脉的九顶山南麓,从富顺县流至海潮镇入县境,经流滩坝水电站到泸州市观音咀汇入长江,流域面积27844平方千米,出县境处平均流量464立方米/秒。县内流长23千米,落差17米,建有流滩坝水电站1座。

2.3 土壤植被类型

泸县地属浅丘,85％以上的耕地都在浅丘区内。土壤类型主要是由侏罗系中统岩层沙溪庙组发育而成的淹育型、渗育型及潜育型灰、棕、紫泥水稻土,少部分是由侏罗系自流井和遂宁组发展而成。县内土壤分为:新冲积土、水稻土、紫色土、黄壤土 4 个土类,中性紫色土、冲积土、淹育水稻土、渗育水稻土、潜育水稻土、潴育水稻土、石灰性紫色土、酸性紫色土、黄壤土 9 个亚类,17 个土属,27 个土种。植被为南亚热带湿润常绿阔叶林带。

2016 年,泸县总耕地面积 84853 公顷,水田面积 39946 公顷,旱地面积 44907 公顷。水田与旱地的种植率均在 80% 以上。另外,全县有龙眼种植面积约 7000 公顷。全县森林覆盖率为 40.9%。

2.4　农牧林渔业结构

2016 年,泸县实现农林牧渔总产值 79.97 亿元,比 2015 年增加值 4.96 亿元,增长 6.6%。其中,农业总产值 40.35 亿元,林业总产值 1.91 亿元,畜牧业总产值 32.54 亿元,渔业总产值 4.39 亿元,农、林、牧、渔服务业总产值 0.78 亿元。

2016 年,泸县粮食播种面积 7.45 万公顷,比 2015 年下降 0.1%;粮食总产量 54.34 万吨,比 2015 年增长 2.0%。其中,稻谷 39.59 万吨,增长 2.4%;小麦 2.79 万吨,下降 5.2%;玉米 3.10 万吨,增长 2.8%;高粱 2.35 万吨,增长 2.5%。豆类和薯类作物产量稳中有升,分别达 1.06 万吨、5.45 万吨,分别增长 2.2%、1.6%。

2016 年,泸县肉类总产量 10.10 万吨,比 2015 年下降 22%。出栏猪 100.01 万头,出栏牛 2676 头,出栏羊 13.39 万只,出栏家禽 1334.48 万只,水产品总产量 3.44 万吨。

2.5　社会经济条件

2016 年,全县共有 19 个镇、1 个街道办、50 个城镇社区居民委员会、220 个居民小组、251 个村民委员会、2382 个村民小组,总人口 107.28 万人。

2016 年,泸县经济持续快速发展,实现地区生产总值 280.3 亿元,比 2015 年增长 12.7%。其中,第一产业增加值 28.56 亿元,第二产业增加值 212.55 亿元,第三产业增加值 74.26 亿元。全年城镇居民人均可支配收入 29677 元,农村居民人均可支配收入 14141 元。

泸县的工业快速发展,2016 年全县工业企业 130 家,工业总产值 309.8 亿元,利润总额 30.3 亿元,入库税金 2510 万元。其中,酒、饮料和精制茶制造业总产值 170.37 亿元。

第 3 章

泸县气候特征

3.1 泸县气候概况及气候资源

泸县地处泸州北面浅丘区。冬半年主要受大陆干冷空气团的控制,夏半年主要受西太平洋副热带高压和青藏高原高压控制,属亚热带湿润季风气候。全年气候温和,四季分明,雨量充沛,光照一般,无霜期长,雨热同季,昼夜温差小。春季气温回暖早,但不稳定,冷空气活动频繁;夏季炎热,降水集中、分布不均,旱涝交错;秋季温光资源充足,偶有冷空气来袭;冬季微寒,多雾寡照,湿度大,间或有霜雪发生。

泸县年平均气温 18.0 ℃,最冷月平均气温 7.6 ℃(1月),最热月平均气温 26.9 ℃(8月),历年极端最高气温为 41.3 ℃,极端最低气温为 −1.6 ℃。全年无霜期为 351 天。年平均降雨量为 1016.2 毫米,降水主要集中在 5—10 月,占全年的 80%。年平均相对湿度一般为 84%,最小相对湿度 19%。年平均日照时数 1145.0 小时,占全年可照时数的 32%。年平均风速 1.2 米/秒,最多风向是西北风。年平均蒸发量 1005.0 毫米。年平均雷暴日数 37 天。全年≥0 ℃的日数为 365 天,累年平均积温 6450 摄氏度·日左右。

3.2 四季气候特征

根据四川省地方标准 DB51/T582—2013,选用上半年连续 5 天滑动日平均气温稳定在 10～22 ℃之间为春季,上半年连续 5 天滑动日平均气温稳定≥22 ℃为

夏季,下半年连续 5 天滑动日平均气温稳定在 22～10 ℃之间为秋季,下半年连续
5 天滑动日平均气温稳定≤10 ℃为冬季。按照泸县 1981—2010 年 30 年历年气
候资料统计,泸县四季气候特征如下:

3.2.1 春季气候特征

春季的起止时间 3 月 2 日至 6 月 7 日,历时 98 天,占全年 26.8%。春季平均气
温 18.8 ℃;降雨量 277.1 毫米,占全年总降雨量的 27.3%;日照为 377.8 小时,占全
年日照的 33%。由于春季是大陆气团和海洋气团交换的季节,气温回暖快,但不稳
定、忽高忽低,常有寒潮天气发生。同时,泸县春季昼夜温差大,气温日较差最大值
曾达到 17.3 ℃(2007 年 5 月 6 日);午后偶有大风、冰雹等强对流天气出现。

气温回升快,冷热变化剧烈,时有霜冻危害。春季是冬季与夏季的过渡季节,
冷暖空气势力相当,而且都很活跃,所以春季气温回升快,冷热变化剧烈。升温
快,有利于农作物萌芽、生长,亦会使春播有利时间缩短。此外,春季温度的年际
变化很大,春季开始时间早晚最多可差 1 个月左右,强冷空气入侵常使已经回升
的气温又急剧下降,造成严重倒春寒和霜冻。

降水变化大,多阴雨天气,偶有春旱发生。春季降雨量占比小,且年际变化
大,初春常有接连几天甚至经月的阴雨连绵、阳光寡照的天气出现;偶有春旱
发生。

偶有风雹天气。泸县春季季节内气温变化大,午后偶有冰雹、大风等强对流
天气发生。

3.2.2 夏季气候特征

夏季起止时间 6 月 8 日至 9 月 7 日,历时 92 天,占全年 25.2%。夏季平均气
温 26.3 ℃;降雨量 489 毫米,占全年总降雨量的 48.1%;日照时数为 455.2 小时,
占全年日照时数的 39.8%。38 ℃的高温天气主要出现在 7—8 月。初夏,青藏高
原高压活动频繁时,常出现连晴少雨天气,造成夏旱,对已栽种的水稻等大春作物
生长不利;盛夏期间,西太平洋副热带高压西伸北抬,造成高温少雨伏旱天气,给
农业生产造成较大的损失。

气候炎热,降水多,旱涝交替。夏季气温年度之间变化大,最热月为 8 月,月
平均气温 27.1 ℃。受西南季风和西太平洋副热带高压边缘气流影响,泸县夏季
降水多,且多出现在午后和傍晚。夏季降雨量占全年的 48.1%,暴雨次数占全年
的 74%。然而夏季降水虽多,但时空分布不均,常常出现旱涝交替。夏季常因暴

雨导致山洪暴发,河水暴涨,因此暴雨洪涝是泸县最主要的气象灾害之一。

多雷雨、阵性风、雹等强对流天气。夏季大气结构极不稳定,常有小股冷空气入侵,阵风、雹等强对流天气较多。还因热力不稳定,夏季午后多雷阵雨。

3.2.3 秋季气候特征

秋季起止时间 9 月 8 日至 12 月 2 日,历时 86 天,占全年 23.6%。秋季平均气温 17.8 ℃;降雨量 198.5 毫米,占全年总降雨量的 19.5%;日照时数 190.8 小时,占全年日照时数的 16.5%。秋季北方冷空气南侵,在云贵高原的阻控下,冷暖气团汇于川南上空一带,造成泸县低温阴雨天气,给秋收秋种带来不利影响。气温下降后,升温不明显,天气逐渐转凉。

3.2.4 冬季气候特征

冬季起止日期 12 月 3 日至 3 月 1 日,历时 89 天,占全年 24.4%。冬季平均气温 7.8 ℃;降雨量 57.5 毫米,占全年总降雨量的 5.7%;日照时数 122.3 小时,占全年日照时数的 10.7%;气温偶尔低于 0 ℃,无严寒。受北方干冷空气影响,有寒潮发生。降雨量少、湿润、多雾、寡照,偶有霜雪发生是泸县冬季气候的主要特点。

3.3 泸县 1960—2016 年气候变化

气候变化是全球的重要问题,其突出表现为全球变暖。IPCC 第 5 次评估报告指出:1983—2012 年是北半球自 1400 年以来最热的 30 年。研究表明:全球变暖将导致雪盖面积减少、海平面上升、降水的时空分布发生变化,而水循环和降水时空格局的变化将有可能进一步导致水资源、生态系统状况发生变化,最终造成旱涝等自然灾害的频发;气候变暖对工农业生产、社会经济发展和政治格局等也会产生深远的影响;同时,气候变暖也可能使降水、气温等出现极端事件的次数增多,导致洪涝、干旱灾害的频次和强度增加;与全球变暖关系密切的一些极端事件,如厄尔尼诺、干旱、洪水、热浪和森林火灾等发生频率和强度都会增加。本节利用泸县 1960—2016 年的气候观测资料,详细分析泸县气候变化趋势。

3.3.1 泸县 1960—2016 年气温变化分析

(1)平均温度变化趋势 由图 3-1 可见,1960—2016 年泸县平均气温波动较大,但整体呈上升趋势,气候倾向率为 0.101 度/10 年。以 1980 年和 1997 年为界,1960—1979 年处于偏暖期,大部分年份的平均气温都高于历年的平均值;1980—1997 年处于偏冷期,大部分年份的平均气温都低于历年的平均值;1998 年后进入增暖期,尤其是进入 21 世纪以后,气温有明显的上升趋势,与近年来气候变暖有很大的关系。57 年来,泸县年平均气温 17.8 ℃,有 25 年年平均气温距平值为正值,32 年为负值,其中年平均气温最高出现在 2006 年和 2015 年,为 18.9 ℃,距平值为 1.1 ℃;年平均气温最低出现在 1996 年,为 17.0 ℃,距平值为−0.8 ℃,最高年份较最低年份偏高 1.9 ℃。

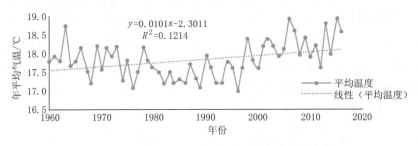

图 3-1 泸县 1960—2016 年年平均气温变化趋势

(2)四季气温变化特征 由图 3-2 可知,泸县 1960—2016 年四季平均气温均呈上升趋势,春季增暖幅度最大,达 0.18 ℃/10 年,秋季次之(0.07 ℃/10 年),夏冬季略小,分别为 0.064 ℃/10 年、0.04 ℃/10 年。

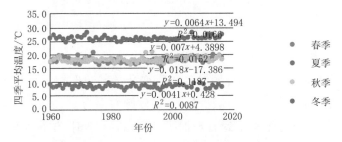

图 3-2 泸县 1960—2016 年四季平均气温变化趋势

3.3.2 泸县 1960—2016 年降水变化分析

通过图 3-3 对泸县 1960—2016 年降雨量分析,泸县 1960—2016 年平均降雨量为 1047.3 毫米,67 年来降水波动较大,整体呈下降趋势,气候倾向率为−1.33 毫米/10 年。年降雨量最大值出现在 2016 年,为 1567.5 毫米;年降雨量最小值出现在 2011 年,为 564.3 毫米;最大值和最小值相差 1003.2 毫米,占历年平均降雨量的 95.8%,降雨量波动明显。

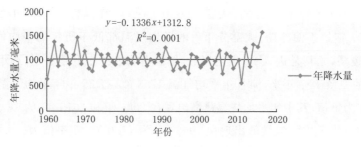

图 3-3　泸县 1960—2016 年年降水量变化趋势

从图 3-4 可见,1—12 月泸县降雨量总体表现为中间高、两端低;1—7 月降水量逐渐递增,7—12 月则逐渐递减。5 月开始降雨量增多明显,也就是汛期开始;7月降雨量达到最大值,为 184.6 毫米;10 月至次年 3—4 月为相对少雨期;4—10 月降水最为集中,占全年降水的 86.6%。

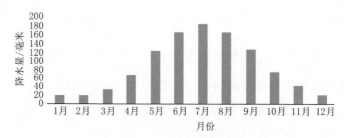

图 3-4　泸县 1960—2016 年降雨量月际变化趋势

3.3.3　泸县 1960—2016 年日照时数变化特征分析

分析泸县 1960—2016 年日照时数年际变化趋势(图 3-5)不难看出,泸县 67年来日照时数波动较大,整体呈减少趋势,气候倾向率为 60.5 小时/10 年(不排除人工观测误差)。泸县多年平均日照时数为 1229.3 小时,年日照时数最大值为1630.9 小时,出现在 1978 年;最小值为 770.8 小时,出现在 1991 年;最大值和最小值相差 860.1 小时。

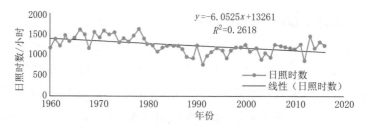

图 3-5　泸县 1960—2016 年日照时数月际变化趋势

第 **4** 章 ▶▶▶

泸县气象灾害及其次生灾害特征

4.1 泸县气象灾害总体情况

随着全球气候变暖,泸县极端天气事件频发,气象灾害发生频率和严重程度也逐渐增加。泸县主要气象灾害有:暴雨洪涝、干旱、冰雹、低温冻害、大风、雷电、雪灾、高温。此外,地质灾害及农业气象灾害等次生灾害和衍生灾害也较为严重。

4.2 暴雨洪涝灾害

洪涝灾害是指洪灾和涝灾的总称,它是由一次短时或连续的强降水过程致使洪水泛滥、淹没农田和城乡,造成农业或其他财产损失及人员伤亡的一种灾害。地形、土壤类型及结构、水利设施和种植制度等也会影响洪涝的发生和严重程度。如地处塘、库、坝和沿江河地区的地势低洼处,突遇强降水或上游河水猛涨都极易造成洪涝灾害。

根据泸县国家气象站 1986—2016 年 31 年的监测数据显示:泸县出现暴雨(50 毫米≤日降水量<100 毫米)68 次,大暴雨(100 毫米≤日降水量<250 毫米)19 次。暴雨年平均值为 2.8 次,年最多 7 次,出现在 2016 年;年最少 0 次,出现在 2000 年。一年内,暴雨最早出现日期是 2005 年 4 月 9 日,降水量为 60 毫米;最晚

出现日期是 1999 年 9 月 14 日,降水量为 51.0 毫米。暴雨一般在 9 月结束,结束最早的是 1997 年 6 月 8 日。据自动气象站监测数据,泸县境内日最大降水量为258.0 毫米,出现在 2007 年 7 月 9 日。暴雨统计相关情况如图 4-1 所示。

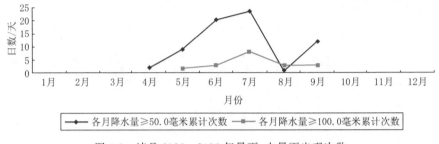

图 4-1 泸县 1986—2016 年暴雨、大暴雨出现次数

无论是来势猛、时间短、强度大的强对流性暴雨还是持续降水过程导致的暴雨,雨量过于集中,往往容易引发洪涝灾害。1986—2016 年,除个别年份外,泸县都会出现不同程度的洪涝灾害,最为严重的是 2007 年的"7·8"特大洪灾。2007年 7 月 8—13 日,泸县遭受了有气象记录以来最大的一次洪灾,80 余平方千米土地被洪水淹没五天四夜。致使全县 65.6 万人受灾,2 万余名群众被洪水围困,直接经济损失 5.6 亿元。

4.3 干旱灾害

干旱是指因长期无雨或少雨,造成空气干燥、土壤缺水的气候现象。泸县属亚热带湿润季风气候,具有冬春少雨而夏秋多雨的特点,年雨量虽丰裕,但雨不适时、分布不均,常有干旱发生。干旱造成人畜饮水困难、工程蓄水不够、土壤缺水、田块干裂及庄稼干死等现象。

干旱发生的原因是多方面的,大气环流的季节变化和青藏高原及盆地特殊的地形综合作用、降水分布不均、雨不适时,都可能导致干旱。干旱可分为春旱、夏旱、伏旱、秋旱、冬干五种类型。泸县尤以伏旱为主,春夏旱次之。

按照四川气象地方标准 DB5/T582—2013,泸县 1986—2016 年共出现各种干旱 48 次,年平均值为 1.5 次。如图 4-2 所示,泸县出现概率最大的是伏旱,占71%,年平均值为 0.7 次;一年中伏旱出现两段的年份有 1991 年、1992 年、1988 年和 2011 年。夏旱出现概率占 48%,年平均值为 0.5 次。春旱出现概率占 19%,年平均值为 0.2 次。冬干出现概率较小占 6%。

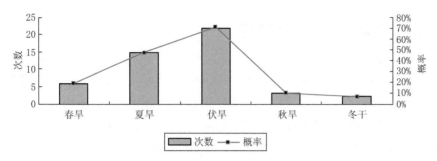

图 4-2　泸县 1986—2016 年干旱发生次数及概率

4.4　寒潮

寒潮是一种大规模的强冷空气活动的过程。寒潮天气的主要特点是剧烈降温和大风,有时还伴有雨、雪、雨凇或霜冻。

按照寒潮标准,表 4-1 统计了 1986—2016 年,泸县累计出现寒潮 74 次,年平均值为 2.4 次。其中,冬季 24 次,占 32%;春季 33 次,占 45%;秋季 17 次,占 23%。一年中寒潮出现次数最多 7 次,分别是 1987 年和 1999 年;同一个月中出现 3 次寒潮的是 2002 年 4 月。冬季(12 月—翌年 2 月)强寒潮(降温≥8.0 ℃)有 5 次,最强的一次出现在 1996 年 2 月 17—18 日,过程降温 10.0 ℃。春季(3—4 月)强寒潮(降温≥10.0 ℃)有 19 次,降温强度最大的是 2007 年 4 月 1—3 日,过程降温 13.0 ℃。秋季(10—11 月)强寒潮(降温≥10.0 ℃)有 8 次,强度最大的是 1987 年 11 月 27—29 日,过程降温 14.4 ℃。

表 4-1　各月、季寒潮出现次数及频率统计表

月份	10 月	11 月	12 月	1 月	2 月	3 月	4 月
寒潮出现次数(次)	8	9	6	7	11	16	17
强寒潮次数(次)	5	3	1	1	3	8	11
寒潮最大降温幅度(℃)及日期	11.3,1992 年 10 月 3 日	14.4,1987 年 11 月 27 日	8.4,1994 年 12 月 9 日	8.1,1994 年 1 月 16 日	10.0,1996 年 2 月 17 日	12.8,1996 年 3 月 8 日	13.0,2007 年 4 月 1 日
各季寒潮次数	秋季		冬季			春季	
	17 次,占总寒潮的 23%		24 次,占总寒潮的 32%			33 次,占总寒潮的 45%	

4.5　大风及冰雹灾害

大风、冰雹常同时出现。二者发生时,常使作物叶片、茎干、籽粒遭受损伤,损坏农业基础设施、电力设施及通信设施等,造成停电、停气,其危害很大。

气象上通常把 7 级(瞬间风速≥17.2 米/秒)以上的风称为大风。大风常出现在春末夏初和盛夏季节,即发生在 3—7 月。大风出现时常伴有雷暴、暴雨、冰雹等恶劣天气。泸县 1986—2016 年共出现大风 29 次,年平均大风次数 0.9 次;日瞬时最大风速 34.0 米/秒,出现在 1989 年 4 月 20 日;大风最多年达 5 次,出现在 1990 年。

冰雹是一种破坏力很强的灾害性天气,俗称雪弹子。其常出现在春夏之交的山地、丘陵地区。降雹时,气温气压骤降,常伴有强烈的大风、雷暴、暴雨等天气。冰雹在泸县主要的暴发路径为富顺—牛滩—沿濑溪河袭击海潮、胡市、通滩一带或顺沱江而下。

1986—2016 年泸县气象站记录的冰雹有 4 次,分别为 1989 年罕见的"4·20"风雹灾、1992 年"5·1"风雹灾、1999 年(虽有出现但未成灾)的风雹、2005 年"5·3"风雹灾。

泸县大风、冰雹灾情记载如下(资料来源于泸县防洪办)。

(1)1989 年 4 月 20 日,泸县出现了百年难遇的特大风雹灾。全县有 6 个区 26 个乡镇遭受 10 级以上大风夹冰雹袭击,冰雹直径 20～50 毫米,降雹时间 15 分钟,降雹密度大。通滩、牛滩、胡市三个区的 17 个乡风力达 11 级,受灾严重。重灾区内房屋被吹倒,树木被连根拔起或拦腰折断。这次风雹灾损毁树木、庄稼、房屋、公路、电杆、物资等不计其数,335637 人受灾,37 人死亡,1029 人受伤(其中重伤 109 人),造成直接经济损失 4.7 亿元。

(2)1991 年 5 月 20 日胡市金龙乡遭受大风、暴雨袭击,过程风力 8 级以上,小时降雨量 90.0 毫米。此次大风过程吹坏房屋 488 间,吹倒房屋 6 间,吹断树木 3765 根,吹断电杆 9 根,吹倒围墙 90 米,直接经济损失 1 万元。

(3)1991 年 6 月 10 日,泸县有 6 个区 20 个镇遭受大风暴雨袭击,受灾人口 13 万人,粮食作物受灾面积 4.5 万亩*,吹断果树、林木 18.5 万根,洪水淹死 2 人,直接经济损失 50 万元。

---

　　* 　1 亩＝666.67 平方米,下同。

(4)1992 年 5 月 1—2 日,牛滩、福集、喻寺、弥陀、通滩、玄滩、胡市、云景等 8个区的 45 个乡镇遭受大风冰雹(米粒大)袭击,吹坏房屋 8.4 万间,吹倒房屋 1130间,吹倒高低压电杆 301 根,吹倒广播电杆 568 根,吹断树木 12.7 万根,农作物受灾面积 3.2 万亩,死亡 1 人,重伤 2 人,打死生猪 147 头,直接经济损失 250 万元。

(5)1993 年 3 月 15 日零时 5 分,石桥镇的 15 个村遭受大风冰雹袭击,风力 8级以上,冰雹直径 15 毫米,持续时间 30 分钟,同时伴有暴雨。此次过程吹断电杆24 根,毁坏变压器 1 台、电动机 4 台,直接经济损失 200 万元。

(6)1993 年 4 月 24 日 22 时,潮河、海潮、通滩、石寨等 35 个乡镇遭受 10 级以上大风夹冰雹(豌豆大小)袭击。此次过程造成房屋被吹坏 36 万间,吹倒 1249 间,10 人死亡、21 人重伤,死亡大牲畜 20 头、生猪 377 头,学校停课 73 所,发生山地灾害 8 处,吹断电杆 2666 根,断线 375 千米,雷电击坏变压器 5 台,受灾农作物面积42 万亩,直接经济损失 1.07 亿元。

(7)1993 年 5 月 30 日晚,云锦、玄滩、黄舣、奇丰、金龙、喻寺等 6 个乡镇部分村两次遭受大风冰雹袭击。秧苗、房屋受损,部分通讯电杆和竹木被吹断。

(8)1994 年 5 月 1 日夜间 23 时许,太伏、百和、黄舣、潮河、特兴、弥陀、分水等 7个乡镇遭受 8～10 级大风冰雹(豌豆～鸡蛋大小)袭击。此次过程吹断电杆 437 根、广播杆 192 根,吹坏房屋 4.14 万间、吹倒 50 间,造成 1 人受伤,死亡牲畜 50 头,吹坏配电房3 处,粮食减产 2510 吨,树木被吹断,蔬菜严重受灾,造成直接经济损失 565 万元。

(9)1995 年 5 月 31 日,得胜镇至福集镇工矿一带东南面遭受大风冰雹袭击,吹坏房屋 425 间、吹倒 5 间。县焦化厂围墙被吹倒,500 平方米玻纤瓦厂房被打烂,30 平方米玻璃被打碎,造成停工 12 小时;县水泥厂围墙倒塌,停工 28 小时;县丝绸厂围墙倒塌,房盖吹坏停产;此次过程造成直接经济损失 4.5 万元。

(10)2005 年 5 月 1 日凌晨 3 时许,牛滩、得胜、云龙、兆雅、海潮、潮河、云锦、天兴 8 个镇 93 个村遭受风雹袭击。受灾人口 5166 万人;农作物受灾面积 7.26 万亩;损坏房屋 10134 间,倒塌房屋 493 间;轻伤人数 3 人,重伤人数 1 人,特重灾户数 453 户,特重灾人数 1393 人;直接经济损失 2738 万元。

(11)2005 年 5 月 3 日凌晨 1 时 30 分,青龙、嘉明、龙脑桥、喻寺、方洞、雨坛 6 个镇 77 个村遭受风雹袭击。此次过程受灾人口 31200 人,农作物受灾面积 3.62 万亩,轻伤人数 2 人,死亡大牲畜 113 头,重灾人数 8000 余人,直接经济损失 706 万元。

(12)2006 年 7 月 16 日 14—15 时,云龙、兆雅、玄滩、太伏 4 个镇 21 个村受龙卷风袭击。此次过程受灾人口 3.37 万人;农作物受灾面积 0.344 万亩、成灾面积0.2 万亩,折合经济损失 25 万元;损坏房屋 422 间,倒塌 42 间;死亡大牲畜 124

头;吹倒电线杆 28 根,输电线断路 4.5 千米;直接经济损失 545 万元。

(13)2006 年 8 月 15 日晚 23 时许,全县范围内出现雷雨大风天气过程,瞬时最大风速 23.4 米/秒。此次过程造成雷击死亡 1 人,房屋倒塌致伤 1 人,牲畜死亡 4 头,房屋倒塌 815 间、损坏 5718 间,吹断通讯电杆 109 根、输电线电杆 197 根、竹木 2599 根、果树 573 根,损坏变电站 3 座,农作物受灾面积 653 万亩,直接经济损失 316 万元。

第5章

泸县气象灾害风险区划

5.1 气象灾害风险基本概念及其内涵

从灾害学的观点出发,将气象灾害风险定义为:气象灾害事件(包括强度、时间、场地等要素)发生的可能性,以及由其造成后果的严重程度。因此,气象灾害风险强调的内容是将来可能对人类社会产生的危害与损失。气象灾害风险既具有自然属性,也具有社会属性,无论自然变异还是人类活动都可能导致气象灾害的发生。根据灾害系统理论,灾害系统主要由孕灾环境、致灾因子和承载体共同组成。在气象灾害风险区划中,危险性是前提,易损性是基础,风险是结果。

$$气象灾害风险=气象灾害危险性×承载体潜在易损性$$

其中,气象灾害危险性是自然属性,包括孕灾环境和致灾因子;承载体潜在易损性是社会属性。

相关术语含义如下。

气象灾害风险:指各种气象灾害发生及其给人类社会造成损失的可能性。

孕灾环境:指气象危险性因子、承灾体所处的外部环境条件,如地形地貌、水系、植被分布等。

致灾因子:指导致气象灾害发生的直接因子,如暴雨、干旱、连阴雨、高温等。

承灾体:气象灾害作用的对象,是人类活动及其所在社会中各种资源的集合。

孕灾环境敏感性:指受到气象灾害威胁的所在地区外部环境对灾害或损害的敏感程度。在同等强度的灾害情况下,敏感程度越高,气象灾害所造成的破坏、损失越严重,气象灾害的风险也越大。

致灾因子危险性:指气象灾害异常程度,主要是由气象致灾因子活动规模(强度)和活动频次(概率)决定的。一般致灾因子强度越大,频次越高,气象灾害所造成的破坏、损失越严重,气象灾害的风险也越大。

承灾体易损性:指可能受到气象灾害威胁的所有人员和财产的伤害或损失程度,如人员、牲畜、房屋、农作物、生命线等。一个地区人口和财产越集中,易损性越高,可能遭受潜在损失越大,气象灾害风险越大。

气象灾害风险区划:指在孕灾环境敏感性、致灾因子危险性、承灾体易损性、防灾减灾能力等因子进行定量分析评价的基础上,为了反映气象灾害风险分布的地区差异性,根据风险度指数的大小,对风险区划分为若干个等级。

5.2 气象灾害风险区划技术原则和方法

气象灾害风险性是孕灾环境、脆弱性承灾体与致灾因子综合作用的结果。它的形成既取决于致灾因子的强度与频率,也取决于自然环境和社会经济环境。开展泸县气象灾害风险区划时,主要遵循以下原则。

(1)以开展灾情普查为依据,从实际灾情出发,科学做好气象灾害的风险性区划,达到防灾减灾规划的目的,促进区域的可持续发展。

(2)区域气象灾害孕灾环境的一致性和差异性。

(3)区域气象灾害致灾因子的组合类型、时空聚散、强度与频率分布的一致性和差异性。

(4)根据区域孕灾环境、脆弱性承灾体以及灾害产生的原因,确定灾害发生的主导因子及其灾害区划依据。

(5)划分气象灾害风险等级时,宏观与微观相结合,对划分等级的依据和防御标准做出说明。

(6)可修正原则:紧密联系泸县的社会经济发展情况,对泸县的承灾体脆弱性进行调查。根据泸县的发展,以及防灾减灾基础设施建设的完善与防灾减灾能力的提高,及时对气象灾害风险区划图进行修改与调整。

气象灾害风险区划主要根据气象与气候学、农业气象学、自然地理学、灾害学、自然灾害风险管理等基本理论,采用风险指数法、GIS 自然断点法、加权综合评价法等数量化方法,在 GIS 技术的支持下对气象灾害风险分析和评价,编制气象灾害风险区划图。

5.3　气象灾害风险区划技术流程

由于研究中所需数据量较大,而 GIS 又是收集、存储、整合、更新、显示空间数据的基本工具,因此首先建立基于 GIS 的气象灾害数据库作为风险分析与识别、风险评价与区划的信息平台。本区划基于 GIS 技术进行气象灾害风险区划,技术流程如图 5-1 所示。

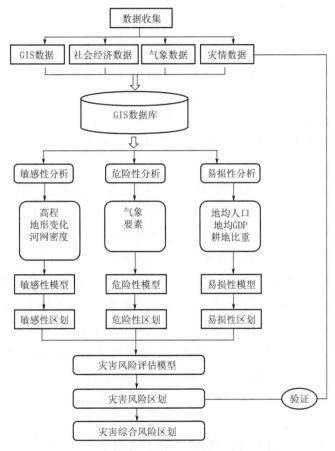

图 5-1　气象灾害风险评估流程图

5.4　暴雨灾害风险区划

5.4.1　数据资料

气象资料:泸县及周边纳溪区、合江县、富顺县、隆昌县、南溪县、内江市东兴区、威远县、资中县、兴文县共计 10 个气象站 1961—2016 年逐日降水数据。

经济资料：选用以镇（街道）为单位的泸县行政区耕地面积、农业人口、人均纯收入、农业 GDP、农作物播种面积、森林覆盖率等数据。

地理信息数据：基础地理信息资料包括泸县 1∶50000 GIS 数据中的 DEM 和水系数据。

5.4.2 致灾因子危险性分析

强降水致灾主要表现为雨势猛、强度大，引发泥石流或山洪，冲毁农田水利设施，淹没农田，摧毁作物；或是累积雨量大，积水难排，形成内涝；还会导致地墒饱和，下垫面对雨水的渗透力弱，造成渍害。因此，我们用降水强度和降水频次两个因子对农业暴雨洪涝灾害危险性进行表征。

将暴雨过程降水量以连续降水日数划分为一个过程，一旦出现无降水则认为该过程结束，并要求该过程中至少一天的降水量达到或超过 50 毫米，最后将整个过程降水量进行累加。

首先统计泸县及其周边的纳溪区、合江县、富顺县、隆昌县、南溪县、内江市中区、威远县、资中县、兴文县等 10 个气象台站历年 1 天、2 天、3 天……10 天（含 10天以上）暴雨过程降雨量；将所有台站的过程降雨量作为一个序列，建立不同时间长度的 10 个降水过程序列；分别计算不同序列的第 98 百分位数、第 95 百分位数、第 90 百分位数、第 80 百分位数、第 60 百分位数的降雨量值，该值即为初步确定的临界致灾雨量；然后利用不同百分位数将暴雨强度分为 5 个等级，即 60%～80%位数对应的降雨量为 1 级，80%～90%位数对应的降雨量为 2 级，90%～95%位数对应的降雨量为 3 级，95%～98%位数对应的降雨量为 4 级，大于等于 98%位数对应的降雨量为 5 级。计算 5 个等级的暴雨洪涝灾害发生次数和灾害发生总年份，从而得到分为 5 个等级的暴雨洪涝灾害强度频次，基于 GIS 技术绘制频次图如图 5-2 所示。

从图 5-2 看出，泸县暴雨洪涝灾害一级致灾强度频次分布不均。其中位于泸县南部的太伏镇、兆雅镇一带频次最小，在 4.79 次/10 年以下；嘉明镇、方洞镇、喻寺镇、福集镇等乡镇频次最大，在 5.06 次/10 年以上；石桥镇、天兴镇、潮河镇、牛滩镇北部、得胜镇北部为次高值区，频次在 4.97～5.06 次/10 年；县内其余大部分地方频次在 4.79～4.97 次/10 年。

如图 5-3，泸县暴雨洪涝灾害二级致灾强度频次分布仍以太伏镇及百和镇南部频次最低，不足 1.67 次/10 年；嘉明镇、方洞镇、喻寺镇、福集镇地区频次最大，

图 5-2 泸县暴雨洪涝灾害一级致灾频次分布图

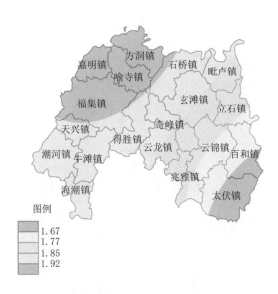

图 5-3 泸县暴雨洪涝灾害二级致灾频次分布图

在 1.92 次/10 年以上;石桥镇、天兴镇、潮河镇、牛滩镇、海潮镇、得胜镇、奇峰镇、玄滩镇北部、云龙镇西部等区域介于 1.85～1.92 次/10 年,为次高值区域;其余大部地区介于 1.67～1.85 次/10 年。

如图 5-4,太伏镇、兆雅镇南部、百和镇南部地区三级致灾强度频次最小,低于

图 5-4　泸县暴雨洪涝灾害三级致灾频次分布图

0.87 次/10 年;潮河镇、天兴镇西部地区为最大值区,在 1.02 次/10 年以上;福集镇、牛滩镇、天兴镇东部为次高值区域,介于 0.98~1.02 次/10 年;县内其余大部介于 0.87~0.98 次/10 年。

　　如图 5-5,泸县暴雨洪涝灾害四级致灾强度频次呈现以海潮镇为中心依次递减的态势。海潮镇、潮河镇南部及牛滩镇南部为频次最大值区,大于 0.77 次/10 年;方洞镇、嘉明镇、喻寺镇北部频次最小,低于 0.55 次/10 年;其余大部地方介于

图 5-5　泸县暴雨洪涝灾害四级致灾频次分布图

0.55～0.77 次/10 年。

如图 5-6,泸县暴雨洪涝灾害五级致灾强度频次分布大致由北向南逐渐减小。嘉明镇、方洞镇、福集镇北部和喻寺镇北部频次最大,在 0.75 次/10 年以上;次高值区域主要分布在福集镇南部、喻寺镇南部、石桥镇、天兴镇、得胜镇北部地区,介于 0.66～0.75 次/10 年;太伏镇、百和镇区域为最小值区,不足 0.50 次/10 年;县内其余大部地方在 0.50～0.66 次/10 年。

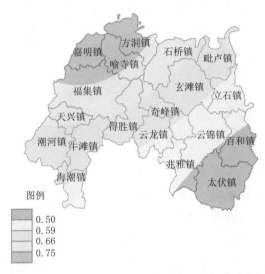

图 5-6　泸县暴雨洪涝灾害五级致灾强度频次分布图

通过绘制出泸县暴雨洪涝灾害一到五级致灾强度频次分布图,根据暴雨强度等级越高,对洪涝形成所起的作用越大的原则,确定降水致灾因子权重,将暴雨强度 5 级,4 级,3 级,2 级,1 级权重分别取作 5/15,4/15,3/15,2/15,1/15。

利用加权综合评价法,计算不同等级降水强度权重与各站的不同等级降水强度发生的频次归一化后的乘积之和,再利用 GIS 中自然断点分级法将致灾因子危险性指数按 5 个等级分区划分(高危险性、次高危险性、中等危险性、次低危险性、低危险性),并绘制致灾因子危险性区划图 5-7。

如图 5-7,泸县暴雨洪涝灾害致灾因子危险性分布大致为西北部较强,南部较弱。方洞镇、嘉明镇、福集镇、喻寺镇、天兴镇、潮河镇、牛滩镇及海潮镇为高危险性区;得胜镇、石桥镇、奇峰镇西部、玄滩镇、毗卢镇次之,为次高危险性区;太伏镇、百和镇、云锦镇南部、兆雅镇南部为危险性较低的区域;县内其余大部地区介于次低危险性区与中等危险性区。

图 5-7 泸县暴雨洪涝灾害致灾因子危险性区划图

5.4.3 孕灾环境敏感性分析

从洪涝形成的背景与机理分析,泸县暴雨洪涝灾害孕灾环境主要考虑地形和水系两个因子的综合影响。

地形因子主要包括高程和地形变化(高程标准差)。高程越低,高程标准差越小,则综合地形因子影响值越大;高程越低表示地势越低,高程标准差越小表示地形变化越小,地势越平坦;综合地形因子影响值越大表示越不利于洪水的排泄,越有利于形成涝灾。

从泸县 1:50000 GIS 数据中提取出高程数据,地形起伏变化则采用高程标准差表示,对 GIS 中某一格点,则计算其与周围 8 个格点的高程标准差获得,在 1:50000 GIS 中采用 100 米×100 米的网格计算地形高程标准差。根据泸县的地形地貌特点,我们给出泸县的地形高程及高程标准差的组合赋值表 5-1。由此可以得到泸县地形影响指数分布图 5-8。

表 5-1 泸县地形高程及高程标准差的组合赋值

地形高程	地形标准差		
	一级(<5)	二级(5~15)	三级(>15)
一级(<300)	0.85	0.80	0.75
二级(300~350)	0.80	0.75	0.70
三级(350~400)	0.75	0.70	0.65
四级(>400)	0.70	0.65	0.60

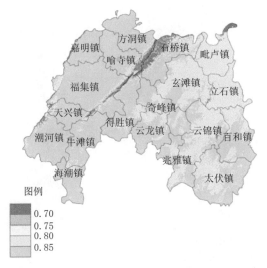

图 5-8　泸县暴雨洪涝灾害地形影响指数分布图

泸县东北部地形较高,多丘陵和山岭,整体地势由东北向西南缓倾,暴雨洪涝灾害地形影响指数也呈现出由东北向西南递增的趋势。毗卢镇、立石镇、云锦镇、玄滩镇和太伏镇大部以及玉蟾山脉区域影响指数较小,低于 0.85;而方洞镇、嘉明镇、喻寺镇大部、福集镇、天兴镇、牛滩镇、潮河镇、海潮镇、百和镇大部、云龙镇等区域影响指数较高,大部在 0.85 以上。

水系因子主要考虑泸县的河网密度,河网越密集的地方,遭受洪涝灾害的风险越大。将一定半径范围内的河流总长度作为中心格点的河流密度,半径大小使用系统缺省值,在 1∶50000 GIS 数据中采用 100 米×100 米的网格计算河网密度,从而得到泸县河网密度,对其规范化处理即得图 5-9。

泸县境内溪河密布,水域广阔,水利资源丰富。其暴雨洪涝灾害水系影响分布如图 5-9,三溪口总干渠、马溪河、赖溪河、九曲河、大鹿溪等河流沿河区域影响值较大,影响指数在 0.58 以上;尤其是玄滩镇南部、奇峰镇南部、立石镇北部及百和镇西北部地区影响值最大,在 0.77 以上;县内其余地方水系影响指数较低,大部不足 0.58。

充分考虑到孕灾环境中地形和水系对暴雨洪涝灾害的影响程度,综合多方专家的意见,我们将这两个因子分别赋权重值为 0.7 和 0.3。利用 GIS 中自然断点分级法,将孕灾环境敏感性指数按 5 个等级分区划分(高敏感性、次高敏感性、中敏感性、次低敏感性和低敏感性),基于 GIS 绘制出泸县孕灾环境敏感性指数区划图 5-10。

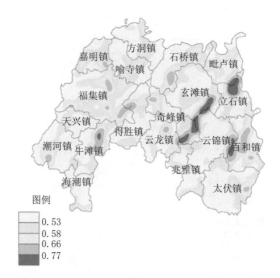

图 5-9　泸县暴雨洪涝灾害水系影响指数分布图

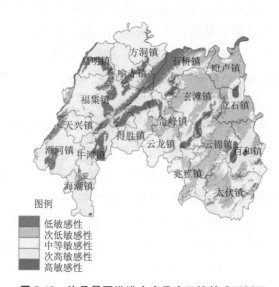

图 5-10　泸县暴雨洪涝灾害孕灾环境敏感区划图

由泸县暴雨洪涝灾害孕灾环境敏感性分布(图 5-10)可知,位于泸县西北部的九曲河流域、赖溪河及马溪河流域,偏南的三溪口干渠和大鹿溪流域敏感性最高,是县内的次高至高风险区;县内玉蟾山脉、龙贯山脉以及东部低丘以上的大片丘陵区大部为低至次低敏感性地区。

5.4.4 承灾体易损性分析

暴雨洪涝灾害对社会造成的危害程度与承受灾害的载体直接相关,它造成的损失大小一般取决于发生地的经济、人口密集和耕种方式等因素。经济越是发达,承灾体所遭受的潜在灾害损失就越大;人口越密集,环境遭受破坏、生态恶化的可能性也就越大。根据泸县社会经济统计数据,得到农业人口密度、复种指数和地均农业 GDP 三个易损性评价指标。

泸县农业人口密度分布如图 5-11,以立石镇和石桥镇农业人口密度最大,达 23 人/公顷以上;其次是玄滩镇、毗卢镇、云锦镇、太伏镇、天兴镇等地,农业人口密度在 22~23 人/公顷之间;嘉明镇、福集镇、牛滩镇、潮河镇、海潮镇农业人口密度介于 20~22 人/公顷,其余乡镇农业人口密度均低于 20 人/公顷。

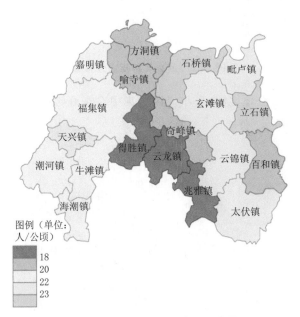

图 5-11 泸县农业人口密度分布图

泸县复种指数分布如图 5-12,潮河镇和得胜镇的复种指数最小,低于 1.96;嘉明镇、石桥镇、立石镇和太伏镇等地复种指数最大,在 2.25 以上;毗卢镇、方洞镇、天兴镇、牛滩镇和海潮镇次之,介于 2.09~2.25;县内其余大部介于 1.96~2.09。

如图 5-13,泸县地均农业 GDP 最大值地区分布在毗卢镇、立石镇、石桥镇和天兴镇地区,在 118438 元/公顷以上;玄滩镇、云锦镇、福集镇和方洞镇次之,在

图 5-12　泸县复种指数分布图

101704～118438 元/公顷之间;最小值区域集中在奇峰镇、云龙镇、得胜镇和嘉明镇地区,不足 83668 元/公顷。

图 5-13　泸县地均农业 GDP 分布图

　　由于每个承灾体在不同地区对暴雨洪涝灾害的相对重要程度不同,因此在计算综合承灾体的易损性时,需要充分考虑它们的权重。我们先将农业人口密度、复种指数和地均农业 GDP 三个易损性评价指标进行规范化处理;再根据专家打分法,给以上三个指标分别赋予权重 0.3,0.2 和 0.5,利用加权综合法计算综合承灾体易损性指数;最后使用 GIS 中自然断点分级法将承灾体易损性指数按 5 个等级分区划分(高易损性、次高易损性、中等易损性、次低易损性、低易损性),并基于 GIS 绘制承灾体易损性指数区划图,如图 5-14。

图 5-14　泸县暴雨洪涝灾害承灾体易损性区划图

　　如图 5-14,石桥镇、立石镇和天兴镇是高易损性区域,发生灾害后往往造成比较严重的经济损失;毗卢镇、太伏镇、方洞镇、嘉明镇、福集镇、玄滩镇和云锦镇属于中等~次高易损性区域;县内其余大部地方均属于低~次低易损性区域。

5.4.5　农业暴雨洪涝灾害风险评估及区划

　　泸县暴雨洪涝灾害风险区划是在对孕灾环境敏感性、致灾因子危险性、承灾体易损性三个因子进行定量分析评价的基础上,为了反映灾害风险分布的地区差异性,根据风险度指数的大小,将泸县暴雨洪涝灾害划分为若干个不同等级的风险区。考虑到各评价因子对风险构成所起作用并不完全相同,我们在征求水利、国土、农业、气象、气候等多方专家意见后,将泸县暴雨洪涝灾害风险所涉及的因子权重

系数加以汇总如图 5-15。然后根据泸县暴雨洪涝灾害风险指数公式计算暴雨洪涝灾害风险指数,具体计算公式为:

$$FDRI = (VE^{we})(VH^{wh})(VS^{ws}) \tag{5-1}$$

式中:$FDRI$ 为农业暴雨洪涝灾害风险指数,用于表示风险程度,其值越大,则灾害风险程度越大,VE,VH,VS 的值分别表示风险评价模型中的孕灾环境的敏感性、致灾因子的危险性、承灾体的易损性各评价因子指数;we,wh,ws 是各评价因子的权重。

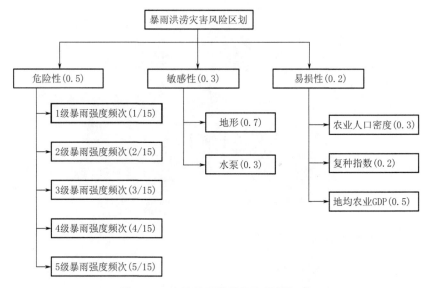

图 5-15　泸县暴雨洪涝风险区划权重

将灾害危险性、孕灾环境敏感性、承灾体易损性三个因子规范化后,分别赋予权重 0.5,0.3,0.2,利用加权综合法,采用暴雨洪涝灾害风险评估模型,计算出各地暴雨洪涝灾害风险指数,利用 GIS 中自然断点分级法,将农业暴雨洪涝风险指数按 5 个等级分区划分(高风险、次高风险、中等风险、次低风险、低风险),并基于 GIS 绘制暴雨洪涝灾害风险区划图 5-16。

根据泸县暴雨洪涝灾害风险区划图 5-16 可以看出,泸县北部地区暴雨洪涝灾害风险程度较高,如方洞镇、喻寺镇、石桥镇、福集镇、天兴镇、牛滩镇、海潮镇、潮河镇等镇,这些地区或者由于降水频率相对较高,地势较为低缓,或者由于是境内主要江河的流经区,或者由于经济发展程度相对较高、人口密集、承灾体易损性较强,因此发生暴雨洪涝灾害的风险最高;而太伏镇、兆雅镇、云锦镇、百和镇、云龙镇、奇峰镇和得胜镇东部是低～次低风险区,这些地区或者由于暴雨频率相对较

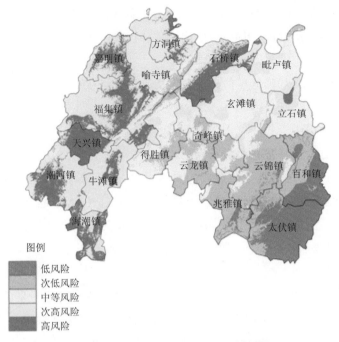

图 5-16　泸县暴雨洪涝灾害风险区划图

小、致害性不强，或者由于海拔较高，地势险峻，生产水平较低，暴雨洪涝灾害致灾的可能性较小；县内其余地区大部位于次低～中等风险区。

5.4.6　暴雨洪涝灾害防御措施

近年来，随着全球气候变暖，极端天气事件越来越多，人类生活、生产将面临更大挑战。根据区划分析，泸县大部分居民稠密、经济水平较高或农业生产条件较好的地区处于暴雨洪涝次高～高风险区，突发暴雨洪涝灾害的可能性极大，应坚决禁止毁林开荒，积极封山育林，增大覆盖面，改善生态与环境系统，以此减轻强降水对土壤表层的冲刷，增强土壤的需水量，从根本上减少灾害。另一方面，仍需加强防洪防涝等基础设施建设，加强监测预警，提高防灾减灾能力，保障人民生命财产安全与农业生产。

5.5　干旱灾害风险区划

5.5.1　数据资料

气象资料：泸县及周边纳溪、合江、叙永、古蔺、自贡、宜宾、内江、永川、合川等共计 32 个气象站 1961—2016 年逐日降水、气温等数据。

经济资料:选用以镇(街道)为单位的泸县行政区土地面积、耕地面积、常住人口、农作物播种面积等数据。

地理信息数据:基础地理信息资料包括泸县 1：50000 GIS 数据中的 DEM 和水系数据。

5.5.2 致灾因子危险性分析

干旱是一种水量相对亏缺造成的自然现象,通常指淡水总量少,不足以满足人的生存和经济发展的气候现象。干旱使供水水源匮乏,除危害作物生长、造成作物减产外,还会危害居民生活,影响工业生产及其他社会经济活动。干旱灾害不仅是自然问题,也是社会问题。人类活动对于减轻干旱灾害可能施加正面影响,也可能施加负面影响。

基于泸县独特的气候地理条件和农业生产现状,泸县气象干旱的分析主要分为春旱、夏旱、伏旱和冬干四类。干旱灾害的危险性用国家气候中心在 2013 年提出的新综合气象干旱指数 MCI 进行表征。MCI 指数考虑的是多时间尺度降水长期亏损和蒸发对干旱的影响,能很好的描述干旱"发展缓慢,缓解迅速"的特点。计算公式为:

$$I_{MCI} = aI_{SPIW60} + bI_{MI30} + cI_{SPI90} + dI_{SPI150} \qquad (5-2)$$

式中,I_{SPI150} 为近 150 天的标准化降水指数,根据国家气候中心的权重参数,a,b,c,d 夏半年(4—9 月)分别为 0.3,0.4,0.3,0.2,冬半年(10 月—翌年 3 月)分别为 0.2,0.2,0.3,0.4;I_{SPIW60} 为近 60 天标准化权重降水指数,即 $I_{SPIW60} = I_{SPI}(W_{AP})$,

其中 W_{AP} 的计算公式为:

$$W_{AP} = \sum_{n=0}^{60} 0.95^n P_n \qquad (5-3)$$

式中,P_n 为距离当天前第 n 天降雨量。

MCI 指数等级划分标准如表 5-2。

表 5-2 *MCI* 指数等级划分表

等级	类型	MCI
1	无旱	$-0.5 < I_{MCI}$
2	轻旱	$-1.0 < I_{MCI} < -0.5$
3	中旱	$-1.5 < I_{MCI} < -1.0$
4	重旱	$-2.0 < I_{MCI} < -1.5$
5	特旱	$I_{MCI} < -2.0$

当连续 10 天为轻旱以上，则确定为发生了一次干旱过程。干旱过程的开始日为第一天达到轻旱等级以上的日期。在干旱过程中，当连续 10 天为无旱时过程结束，结束日期为最后一次达到无旱等级的日期。对干旱过程中为轻旱以上的指数求和，其值越低干旱强度越强。

为了分析泸县全年的干旱状况，我们首先分别计算泸县及周边纳溪、合江、叙永、古蔺、自贡、宜宾、内江、永川、合川等共计 32 个站点 1961—2012 年各月指数，分别统计各阶段干旱发生次数，建立各站点的干旱年序列和各等级（轻、中、重、特以及总干旱）发生频率。在 GIS 系统中形成包含泸县各行政区地理信息和致灾强度序列的点层矢量文件，通过 GIS 反距离权重差值方法对危险性指数进行区域网格化插值；采用空间统计模块中的自然间隔分类法，绘制出泸县春旱、夏旱及伏旱、冬干几种气象干旱强度指数的空间分布图。

根据图 5-17，泸县气象春旱灾害综合致灾强度指数分布如下：嘉明镇、福集镇、立石镇东部、百和镇、太伏镇、兆雅镇南部、方洞镇西部、喻寺镇西部一带春旱致灾强度指数较小，在 0.70 以下；致灾强度指数较大的区域分布在石桥镇、玄滩镇、奇峰镇和毗卢镇西部等地区，致灾强度指数大部在 0.78 以上；天兴镇、潮河镇、牛滩镇、海潮镇、得胜镇、云龙镇、云锦镇等大部地区致灾强度指数介于 0.70～0.78。

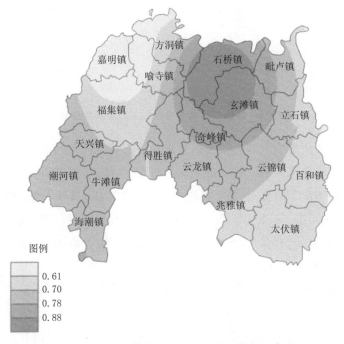

图 5-17　泸县气象春旱灾害致灾强度指数分布图

泸县气象夏旱灾害综合致灾强度指数分布(图5-18)极不均衡。县境内西部的嘉明镇、福集镇、喻寺镇西部、天兴镇、海潮镇、牛滩镇、潮河镇地区致灾强度指数最大,在0.84以上;其次是方洞镇、喻寺镇东部、得胜镇、云龙镇南部、兆雅镇、云锦镇南部、百和镇南部和太伏镇一带,致灾强度指数在0.75～0.84;石桥镇、玄滩镇、毗卢镇一带致灾强度指数最小,在0.67以下;县内其余地区大部介于0.67～0.75。

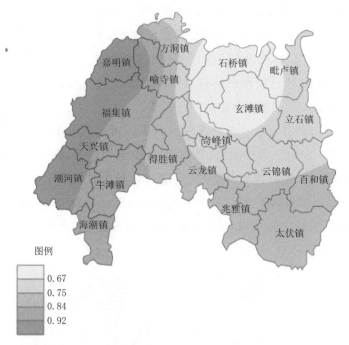

图5-18　泸县气象夏旱灾害致灾强度指数分布图

由泸县气象伏旱灾害综合致灾强度指数分布(图5-19)可知,县境内西部的嘉明镇、福集镇、喻寺镇西部、天兴镇西部、海潮镇西部、潮河镇以及南部的百和镇、太伏镇和兆雅镇南部致灾强度指数最大,在0.87以上;其次是喻寺镇东部、得胜镇南部、云龙镇南部、兆雅镇北部、云锦镇南部、立石镇东部一带,致灾强度指数在0.79～0.87;石桥镇、玄滩镇、毗卢镇一带致灾强度指数最小,在0.63以下;县内其余地区大部介于0.63～0.79。

由泸县气象冬干灾害综合致灾强度指数分布(图5-20)可知,泸县冬干指数分布与夏旱较为一致:县境内西部的嘉明镇、福集镇、喻寺镇西部、天兴镇、海潮镇、牛滩镇、潮河镇致灾强度指数最大,在0.78以上;其次是方洞镇、喻寺镇东部、得

图 5-19　泸县气象伏旱灾害致灾强度指数分布图

图 5-20　泸县气象冬干灾害致灾强度指数分布图

胜镇、云龙镇南部、兆雅镇、云锦镇南部、百和镇和太伏镇一带，致灾强度指数在0.67～0.78；石桥镇、玄滩镇、毗卢镇一带致灾强度指数最小，在0.60以下；县内其余地区大部介于0.60～0.67。

结合泸县当地实际情况，根据干旱种类权重越大，干旱灾害导致的后果越严重的原则，确定干旱致灾因子权重，将春旱、夏旱及伏旱、冬干权重分别取作0.2、0.3、0.4和0.1。

利用加权综合评价法，计算不同类别的干旱权重与灾害致灾强度指数的乘积之和，再利用GIS中自然断点分级法将致灾因子危险性指数按5个等级分区划分（高危险性区、次高危险性区、中等危险性区、次低危险性区、低危险性区），并绘制致灾因子危险性区划图5-21。

图例
低危险性
次低危险性
中等危险性
次高危险性
高危险性

图 5-21　泸县气象干旱灾害致灾因子危险性区划图

根据泸县气象干旱灾害致灾因子危险性区划图（图5-21）可以看出，西部的嘉明镇、福集镇西部、天兴镇、潮河镇、海潮镇、牛滩镇南部危险性全县最高，属高危险区；喻寺镇西部、福集镇东部、牛滩镇北部、兆雅镇南部、百和镇南部和太伏镇次之，为次高危险性区域；喻寺镇中部、得胜镇、云龙镇、兆雅镇北部、云锦镇、百和镇北部是中等危险区；低～次低危险区主要分布在石桥镇、玄滩镇、毗卢镇、立石镇和奇峰镇地区。

5.5.3　孕灾环境敏感性分析

对孕灾环境敏感性的分析从地形和水系两个方面进行研究。地形因子主要考虑坡度因素,一般认为地表坡度影响着土壤演化、水土流失与土地质量,坡度越大,越有利于旱灾的形成。从泸县 1∶50000 高程 GIS 数据中提取出坡度数据,对 GIS 中某一格点,计算其与周围 8 个格点的平均最大值。根据泸县的地形地貌特点,我们通过给泸县的地形坡度赋值,得到泸县气象干旱地形影响指数分布图 5-22。

图 5-22　泸县气象干旱灾害地形影响指数分布图

水系因子主要考虑泸县的河网密度,河网越密集的地方,遭受干旱灾害的风险越小,因此将水系因子视为泸县干旱灾害的干扰因子。将一定半径范围内的河流总长度作为中心格点的河流密度,半径大小使用系统缺省值,在 1∶50000 GIS 数据中采用 100 米×100 米的网格计算河网密度,从而得到泸县河网密度,对其规范化处理即得图 5-23。

根据图 5-22 可以看出,泸县气象干旱灾害地形影响指数分布不均。玉蟾山脉、龙贯山脉以及县境南部的局部区域影响最大,如石桥镇西北部、喻寺镇南部、

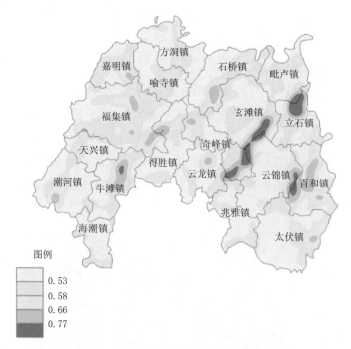

图 5-23　泸县干旱灾害水系影响指数分布图

福集镇东南部、牛滩镇、潮河镇西部、毗卢镇北部、百和镇东部以及太伏镇的部分地方影响指数在 0.60 以上；嘉明镇、方洞镇、喻寺镇北部、立石镇、玄滩镇、兆雅镇、百和镇西部、海潮镇南部地区影响指数最小，在 0.54 以下；境内其余大部地方介于 0.54～0.60。

如图 5-23，泸县境内溪河密布，水域广阔，水利资源丰富，以三溪口总干渠、马溪河、赖溪河、九曲河、大鹿溪等河流沿河区域影响值较大，影响指数在 0.58 以上；尤其是玄滩镇南部、奇峰镇东南部、立石镇北部及百和镇西北部地区影响值最大，在 0.77 以上；县内其余地方水系影响指数较低，大部不足 0.58。

充分考虑到孕灾环境中地形和水系对气象干旱灾害的影响程度，综合多方专家的意见，我们将这两个因子分别赋权重值为 0.4 和 0.6。利用 GIS 中自然断点分级法，将孕灾环境敏感性指数按 5 个等级分区划分（高敏感性区、次高敏感性区、中等敏感性区、次低敏感性区和低敏感性区），基于 GIS 绘制出泸县孕灾环境敏感性区划图 5-24。

根据泸县气象干旱灾害孕灾环境敏感性区划图（图 5-24）可以看出，泸县境内大部地方属中等～次高孕灾环境敏感性区域；三溪口、马溪河、赖溪、九曲河、大鹿溪河等河流流域为低～次低敏感区，如玄滩镇南部、立石镇北部、福集镇东部、喻

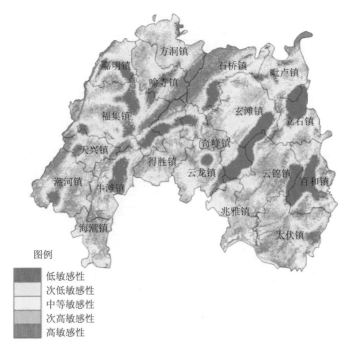

图 5-24　泸县气象干旱灾害孕灾环境敏感性区划图

寺镇南部、奇峰镇南部、牛滩镇东部、百和镇西部等区域；石桥镇西部、方洞镇南部、福集镇东北部、潮河镇西北部、太伏镇西部等山区为高敏感性区，敏感性水平在全县居首；境内其余少部分地方为中等～次高敏感区。

5.5.4　承灾体易损性分析

气象干旱灾害对社会造成的危害程度与承受灾害的载体直接相关，它造成的损失大小一般取决于发生地的经济、人口密集程度和耕种方式等因素。经济越是发达，承灾体所遭受的潜在灾害损失就越大；农作物种植面积越大、人口越密集，遭受灾害破坏、生态恶化的可能性也就越大。根据泸县社会经济统计数据，得到农业人口密度，农村居民人均可支配收入和复种指数三个易损性评价指标。

泸县人口密度分布如图 5-25，以立石镇和石桥镇农业人口密度最大，达 23 人/公顷；其次是玄滩镇、毗卢镇、云锦镇、太伏镇、天兴镇等地，农业人口密度在 22～23 人/公顷；嘉明镇、福集镇、牛滩镇、潮河镇、海潮镇农业人口密度介于 20～22 人/公顷，其余乡镇农业人口密度低于 20 人/公顷。

泸县农村居民人均可支配收入（图 5-26）大致分布如下：福集镇和玄滩镇、石桥镇人均可支配收入最多，在 12811 元/人以上；嘉明镇、得胜镇、云龙镇、奇峰镇、

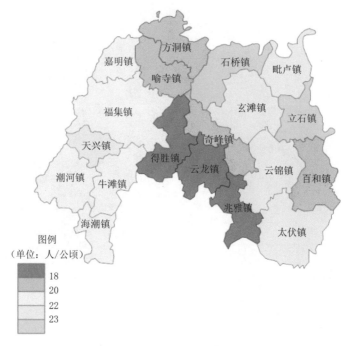

图 5-25   泸县农业人口密度分布图

图 5-26   泸县农村居民人均可支配收入分布图

云锦镇、兆雅镇次之,介于 12643～12811 元/人;潮河镇和海潮镇最少,低于 12448
元/公顷;县内其余大部介于 12448～12643 元/人。

泸县复种指数分布如图 5-27,潮河镇和得胜镇的复种指数最小,低于 1.96;嘉
明镇、石桥镇、立石镇和太伏镇等地复种指数最大,在 2.25 以上;毗卢镇、方洞镇、
天兴镇、牛滩镇和海潮镇次之,介于 2.09～2.25;县内其余大部介于 1.96～2.09。

图 5-27　泸县复种指数分布图

由于每个承灾体在不同地区对气象干旱灾害的相对重要程度不同,因此在计
算综合承灾体的易损性时,需要充分考虑它们的权重。我们先对农业人口密度、
复种指数和农村居民人均可支配收入三个易损性评价指标进行规范化处理;再根
据专家打分法,给以上三个指标分别赋予权重 0.2,0.4 和 0.4,利用加权综合法计
算综合承灾体易损性指数;最后使用 GIS 中自然断点分级法将综合承灾体易损性
指数按 5 个等级分区划分(高易损性区、次高易损性区、中等易损性区、次低易损
性区、低易损性区),并基于 GIS 绘制承灾体易损性指数区划图 5-28。

根据泸县气象干旱灾害承灾体易损性区划图(图 5-28)可以看出,福集镇、石
桥镇、立石镇一带承灾体易损性指数最高;天兴镇、嘉明镇和太伏镇次之,为次高
易损性区;奇峰镇、得胜镇、云龙镇和兆雅镇地区易损性指数最低;县内其余大部
介于次低～中等易损性区域。

图 5-28 泸县气象干旱灾害承灾体易损区划图

5.5.5 气象干旱灾害风险评估及区划

泸县气象干旱灾害风险区划是在对孕灾环境敏感性、致灾因子危险性、承灾体易损性三个因子进行定量分析评价的基础上,为了反映灾害风险分布的地区差异性,根据风险度指数的大小,将泸县气象干旱划分为若干个不同等级的风险区。考虑到各评价因子对风险构成的作用并不完全相同,我们在征求水利、国土、农业、气象、气候等多方专家意见后,将泸县气象干旱灾害风险所涉及的因子权重系数加以汇总如图 5-29。

然后根据泸县气象干旱灾害风险指数公式计算气象干旱灾害风险指数,具体计算参见公式(5-1)。

将灾害危险性、孕灾环境敏感性、承灾体易损性三个因子规范化后,分别赋予权重 0.5,0.4,0.1,利用加权综合法,采用气象干旱灾害风险评估模型,计算出各地气象干旱灾害风险指数,利用 GIS 中自然断点分级法将气象干旱风险指数按 5 个等级分区划分(高风险区、次高风险区、中等风险区、次低风险区、低风险区),并基于 GIS 绘制气象干旱灾害风险区划图 5-30。

根据泸县气象干旱区划图(图 5-30)可以看出,泸县西部的嘉明镇、福集镇、天

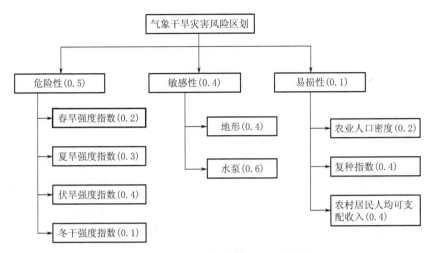

图 5-29 泸县气象干旱灾害风险因子权重图

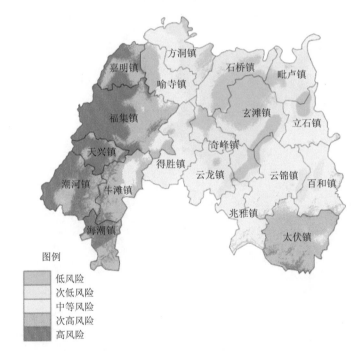

图例
低风险
次低风险
中等风险
次高风险
高风险

图 5-30 泸县气象干旱风险区划图

兴镇、潮河镇、牛滩镇以及南部的太伏镇区域是气象干旱灾害的次高～高危险性区,这些区域季节性降雨量不足,灌溉保墒能力较弱,且农业经济发展相对较好、易损性指标偏高,极易发生损失较大的气象干旱灾害;喻寺镇大部、得胜镇南部、云龙镇南部、兆雅镇、云锦镇、立石镇大部、百和镇、方洞镇西部为中等风险区,风险水平在全县居中;方洞镇东部、石桥镇、玄滩镇、奇峰镇、云龙镇北部、毗卢镇、立石镇北部一带大部处于次低风险性水平以下,这些区域季节性降水能基本满足生产要求,且河流密集,多大型水利设施,农业生产发展相对较弱,承灾体易损性水平不高,发生气象干旱灾害的风险在县内相对较小。

5.5.6 气象干旱灾害防御措施

根据泸县气象干旱区划分析,泸县西部农业人口集居区、经济水平较高或农业生产条件较好的地区为气象干旱高风险区,干旱灾害发生的可能性较高,泸县东北部则风险相对较低。为有效减轻气象干旱灾害带来的损失,各地应积极采取措施趋利避害。一是各地应根据气象干旱风险等级调整农业产业结构,在高风险区种植耐旱作物;二是各地应兴修水利,在雨水充足时期做好储水保水工作,改善灌溉条件;三是加强天气、气候的监测预警,提前做好防御。

第 6 章

泸县气象与粮油作物生产

6.1 气象与水稻生长

水稻是一年生禾本科植物,24 条染色体。水稻喜高温、多湿、短日照,对土壤要求不高,水稻土最好。幼苗发芽最低气温 10～12 ℃,最适气温 28～32 ℃。分蘖期日均气温 20 ℃以上,穗分化适温 30 ℃左右,低温使枝梗和颖花分化延长,抽穗适温 25～35 ℃,开花最适温 30 ℃左右,低于 20 ℃或高于 40 ℃,受粉受到严重影响。相对湿度 50％～90％为宜。穗分化至灌浆盛期是结实关键期,营养状况平衡和高光效对提高结实率和粒重意义重大。抽穗结实期需大量水分和矿物质营养,同时需增强根系活力和延长茎叶功能。每形成 1 千克稻谷约需水 500～800 千克。

6.1.1 水稻生长发育规律

(1)播种出苗期

a. 中稻品种一般安排在 3 月上旬播种,日平均气温稳定通过 12 ℃,或日平均气温大于 15 ℃,且有 3～5 天晴到多云的天气,有利于水稻播种、催芽;15～16 ℃天气利于培育短壮幼芽、提早出苗、促进种芽扎根。

b. 连续 5 天以上日平均气温低于 12 ℃,且雨日数大于 3 天的低温阴雨天气,将导致秧田淹水缺氧,易引起种芽发霉,形成烂种;持续低温阴雨后,天气突然转晴,气温陡升,前后两天日平均气温差大于 3 ℃,易造成种芽变干;持续少雨,春旱严重,干旱缺水导致无法正常播种或影响出苗,若气温偏高,易造成炕种。

c. 水育秧,水播水育,秧田要经常保持浅水层;旱育秧,旱播旱育,秧畦要保持湿润,不见水层;湿润育秧,秧畦保持湿润,沟中有水,后期保持浅水层。

d. 揭膜管理:在育秧后期,应在气温稳定、天气晴好条件下进行揭膜,如果早晚温差大,还需在傍晚覆膜以免秧苗受冻。

(2)三叶期

a. 日平均气温>14 ℃,最适宜气温 26～32 ℃,连晴天气,光照充足,秧苗生长积极、叶鞘发达、茎叶粗壮、根系强壮且长度长。

b. 气温骤降后又骤然转晴或阴雨转晴、气温急剧回升,导致秧苗生理机能失调,发生烂秧死苗现象;持续低温寡照、日照偏少,致使秧苗生长缓慢,时间过长容易造成死苗;长时间高温干旱、持续少雨、干旱缺水,影响秧苗生长发育,秧苗细弱,健苗、壮苗少。

c. 揭膜管理:应在气温稳定、天气晴好条件下进行揭膜,如果早晚温差大,还需在傍晚覆膜以免秧苗受冻。

(3)移栽期

a. 水稻插秧在 4 月中下旬,秧龄需 35～40 天。

b. 移栽最低气温 13～15 ℃;最适气温 25～30 ℃;最高气温 35 ℃以上。栽插时浅水,一般为 30 毫米,有利于促进早分蘖。返青时水层适当加深,以 40～50 毫米为宜。

c. 水稻移栽后根系受伤,吸水力弱,缺水后不能迅速返青,延迟分蘖;双季晚稻移栽后气温很高,为防止高温灼伤秧苗,应深水护秧。

(4)分蘖期

a. 水稻分蘖最低气温 15～16 ℃,水温 16～17 ℃;分蘖发生的适宜气温 30～32 ℃,水温 32～34 ℃;最高气温 38～40 ℃,最高水温 40～42 ℃。

b. 土壤持水量一般在 70％以上时才有利于分蘖,在 26～36 ℃,土壤持水量为 80％时分蘖最多;在 16～21 ℃,土壤持水量达 100％时分蘖最少。

c. 分蘖期需要充足的光照,以提高光合强度,促进分蘖。

d. 春季气温极不稳定,过早栽插水稻,则呈现老根变黑、新根不发、分蘖不生、茎叶发黄,形成僵苗的现象。气温回升,水稻苗株恢复生长;低温时间过长,则长期停滞不分蘖,最后萎缩死亡。

(5)幼穗分化期

a. 幼穗分化期最适气温 25～30 ℃,最低 15 ℃,最高温 40 ℃;穗发育的最适气温为 26～30 ℃,以昼温 35 ℃,叶温 25 ℃最为适宜。

b. 幼穗分化期光合作用强、新陈代谢旺盛,而且此时外界气温高、叶面蒸腾量

大，是水稻一生中需水最多的时期，需要水层深度 50～80 毫米，约占全生育期的
25%～30%。穗分化尤以减数分裂期最敏感，一般要求土壤含水量达 90% 以上。

c. 光照越充足，对穗分化发育越有利。

（6）抽穗开花期

a. 水稻抽穗速度与气温有密切关系，气温高，出穗快而齐。水稻的开花状况
与气温也密切相关，气温条件适宜时开花早而集中，开花最适宜气温 25～32 ℃
（杂交稻为 25～30 ℃），最高气温 40～45 ℃，最低气温 12～15 ℃。早、中稻常在
抽穗当天开花，晚稻常在抽穗后 1～2 天才开花。

b. 开花受粉的最适空气相对湿度为 70%～80%，宜保持适当水层。浅水利于
提高株间温度，降低湿度，开花速度快，受粉良好。

c. 晴暖微风的天气对开花最为有利，授粉好，结实率高。

（7）灌浆期

a. 最低气温 18 ℃，最适气温 22～23 ℃，最高气温 35 ℃。在田间条件下，日平
均气温 21～25 ℃最适于灌浆结实。灌浆期最适气温 21 ℃左右，昼夜温差愈大愈
有利于增加粒重。

b. 应有一定的水层，对稻株体内水分循环有利，从而使养分迅速运转到穗部。

c. 光照与粒重呈正相关。光照充足，有利于提高群体光合量，促进灌浆结实。

6.1.2　水稻气象工作历

本小节主要结合泸县水稻各个生长发育阶段内气温、光照、降水等气候条件
以及各阶段易遭受的不利气象条件，提出趋利避害的措施建议，详见表 6-1。

6.1.3　主要农业气象灾害

（1）烂秧及死苗

a. 泸县地区春季天气多变，时晴时雨、时冷时热，极不稳定，故春季育秧易受
低温危害。造成大面积烂秧的主要原因是播种后遇低温连阴雨天气，这种恶劣
天气条件削弱了秧苗的抗逆力，降低了秧苗的存活能力。阴雨连绵、淹水缺氧，
既消耗养分，又产生有毒物质，使秧苗受害，加之日照不足、秧苗纤弱，烂秧
严重。

b. 死苗则发生在三叶期前后，以旱育秧及半旱育秧发生较多。由于秧苗进入
二叶一心至三叶期时，处于"断奶"阶段，抗逆性弱。遇低温阴雨天气后，天空突然
放晴，气温陡升，秧苗叶面蒸腾量急剧加大，此时根系活力弱，吸水量与耗水量不

表 6-1　水稻气象工作历

物候期	时段	气候条件			不利影响	重要农事季节、主要农事活动及关键生育期等对气象条件的要求	农事建议
		光	温	水			
播种～出苗期	3月1日—4月10日	3月上旬平均日照时数26.2小时；3月中旬平均日照时数33.0小时；3月下旬平均日照时数38.4小时；4月上旬平均日照时数33.9小时	3月上旬平均11.9℃；3月中旬平均14.4℃；3月下旬平均15.9℃；4月上旬平均17.3℃	3月上旬平均11.2毫米；3月中旬平均8.9毫米；3月下旬平均14.1毫米；4月上旬平均23.2毫米	春季低温连阴雨	1.发芽：最低气温10~12℃，最高温度40~42℃，最适温度28~32℃。2.大田播种，日平均气温稳定在10℃以上，最低气温5℃以上，连续3~5个晴好天气。3.保温育秧：日平均气温稳定在8℃以上，连续3个以上晴好天气。4.幼苗：最适温度25~30℃。	1.适时抢晴播种。2.保温育秧整田为主，做到湿播旱育，播后7~10天以密闭为主。气温超过25℃，应及时通风炼苗，通过逐渐揭膜炼苗及时揭膜抛苗。3.育苗移栽田，做到湿润扎根，浅水勤灌，遇寒潮时，灌水护苗；温度回升后逐渐排水，防止淹水时间过长。4.秧田施足基肥，及时追施"断奶肥""起身肥""送嫁肥"。5.及时防治病虫害，除草。
移栽～分蘖期	4月21日—5月20日	4月中旬平均日照时数44.0小时；4月下旬平均日照时数41.3小时；5月上旬平均日照时数54.2小时；5月中旬平均日照时数45.3小时	4月中旬平均18.3℃；4月下旬平均19.9℃；5月上旬平均22.4℃；5月中旬平均22.2℃	4月中旬平均24.0毫米；4月下旬平均27.1毫米；5月上旬平均35.8毫米；5月中旬平均31.6毫米	低温阴雨暴雨洪涝稻飞虱	1.移栽后温度≤12℃，持续5天，并伴有阴雨，易造成僵苗死苗。2.移栽返青：最低温度15℃，最适温度20~25℃，风力<3级。3.分蘖、拔节：最低温度14~16℃，最适温度25~32℃，晴朗微风，日照充足。	1.有水返青，浅水分蘖，早施分蘖肥；及时除草查苗补缺，移蔸补稀。2.三类苗及早补施分蘖肥。3.及时晒田控分蘖，晒田复水后看苗巧施孕穗肥，及时防治病虫害。4.低温来临时灌水护苗，温度回升后增温。5.发现部分死苗，及时移苗补蔸。

续表

物候期	时段	气候条件			不利影响	重要农事季节，主要农事活动及关键生育期等对气象条件的要求	农事建议
		光	温	水			
孕穗~抽穗开花期	5月21日—6月30日	5月下旬平均日照时数40.4小时；6月上旬平均日照时数30.4小时；6月中旬平均日照时数37.4小时；6月下旬平均日照时数38.2小时	5月下旬平均22.5℃；6月上旬平均23.0℃；6月中旬平均24.4℃；6月下旬平均25.3℃	5月下旬平均62.7毫米；6月上旬平均51.7毫米；6月中旬平均50.5毫米；6月下旬平均64.5毫米	暴雨洪涝、稻飞虱、小满寒、稻颈穗瘟病、高温逼熟	1.孕穗，抽穗：最低气温20℃，最适温度25～30℃。2.抽穗扬花期无雨，日照充足，风力1～2级。3.最适气温25～30℃，昼夜温差大，日照充足。4.暴雨强降水，对孕穗不利。	1.湿润或浅水孕穗，寸水抽穗。2.看苗酌情补施穗粒肥。后期叶面喷肥。3.抽穗田里有浅水，灌浆实期以湿为主，防止断水过早。
灌浆成熟期	7月1日—7月31日	7月上旬平均日照时数48.1小时；7月中旬平均日照时数51.9小时；7月下旬平均日照时数75.6小时	7月上旬平均26.7℃；7月中旬平均27.2℃；7月下旬平均28.0℃	7月上旬平均65.7毫米；7月中旬平均58.7毫米；7月下旬平均38.7毫米	高温逼熟	最适气温25～30℃，昼夜温差大，日照充足。	1.遇高温采用灌水或流灌降温。2.遇暴雨洪涝要注意及排涝。3.养根保叶，防止早衰。4.乳熟至黄熟，田间宜采取干干湿湿，以湿为主。做到青秆黄熟籽粒饱满，粒重增加。

平衡,供不应求,引起生理失水,出现青枯死苗。造成青枯的气象条件是日平均气温低于 12 ℃,连续阴雨 3 天以上,雨后急晴,白天温度剧升,其日较差大于 10 ℃。

(2)僵苗

僵苗是指水稻返青分蘖阶段,禾苗受到不良土壤环境、气候条件、营养状况以及耕种栽培技术等因素影响,生长发育发生障碍而出现的黄叶枯尖、麻叶坐蔸、矮缩死苗、根系停止生长和发黑等各种生理病症的总称。

(3)火南风

"火南风"是指一种范围较大、高温而干燥的气流。对水稻抽穗开花、结实、灌浆都有不利影响,危害极大。由于"火南风"天气温度高、湿度小、南风大,使花药干萎不开裂,散粉力弱,花粉生理机能减退,影响开花授粉,造成空秕率增加。

(4)寒露风

泸县地区每年水稻抽穗开花时常有规律性寒潮出现,气温降到 20 ℃以下,影响晚稻的正常抽穗开花。但近年来,泸县地区基本无早稻、晚稻种植,所以影响不大。

(5)高温逼熟

盛夏伏旱期,光照强烈,当最高气温升到 35 ℃以上时,空秕率显著增加。所以,通常以日最高气温 35 ℃作为高温灼伤的临界指标。在开花期遇高温,造成花药干枯,空秕率增多;谷粒形成期遇高温,导致"高温逼熟"而减产,一方面是加速生育期,另一方面是减小灌浆能力,致使空秕率增加。

(6)病虫害

a. 稻瘟病:稻瘟病以分生孢子和菌丝在种子和稻草上越冬,6—7 月降水后产生大量的分生孢子,借助气流传播到稻株上。发病的气象条件:水稻抽穗期温度为 24～28 ℃,如有连续三天降水,降水时数在 4 小时以上,降雨量在 15 毫米以上,3 天日照时数在 15 小时以下,空气湿度在 80% 以上,穗颈瘟就会严重发生。

b. 稻曲病:稻曲病病菌以落入土中的菌核及附着在种子上的厚垣孢子越冬,次年菌核萌发产生子囊孢子成为侵染源。病菌早期侵害花期,破坏子房;晚期侵害成熟谷粒。发病的气象条件为多湿多雨、日照不足。

c. 纹枯病:纹枯病是担子菌引起的真菌性病害,从苗期至成熟期均有危害。

6.1.4　水稻种植区划

(1)区划指标(见表 6-2)

表 6-2 泸县水稻种植农业气候区划指标

指标	最适宜	适宜	次适宜
播种至抽穗≥10 ℃积温(摄氏度·日)	＞2600	2500～2600	≤2500
抽穗至成熟平均气温(℃)	27～28	＞28	＜27
抽穗至成熟总日照时数(小时)	＞215	205～215	＜205
移栽至成熟期降雨量(毫米)	＞550	545～550	＜545

（2）区划结果

本区划以泸县及相邻气象站气象资料为基本资料，通过数理统计方法分别建立各指标要素的空间分布模型 $R = f(\lambda, j, h)$。利用 1∶250000 地理信息资料将各指标要素按 80 米×80 米×3 米分辨率展开，再利用先进的地理信息分析技术，制作多层次平面区划图，根据区划指标将泸县优质水稻种植划分为最适宜区、适宜区及次适宜区。

从泸县播种～抽穗期≥10 ℃积温分布图 6-1 可见：泸县水稻种植的抽穗～成熟期≥10 ℃积温为 2450～2700 摄氏度·日，从空间分布上看，呈现海拔低的区域

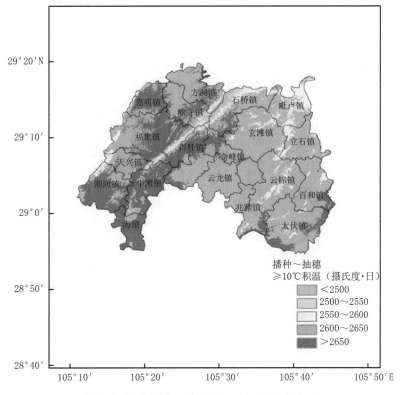

图 6-1 泸县播种～抽穗期≥10 ℃积温分布图

气温高,海拔高的区域气温低的分布特点;气温条件较好区域主要集中在海拔相对较低区域包括海潮镇、牛滩镇、潮河镇、嘉明镇大部,福集镇、得胜镇部分及方洞镇、喻寺镇、石桥镇、玄滩镇、奇峰镇、天兴镇、云龙镇、百和镇、太伏镇、兆雅镇、云锦镇局部区域,播种～抽穗期≥10 ℃积温＞2650 摄氏度·日;播种～抽穗期≥10 ℃积温条件相对较差区域集中在毗卢镇、石桥镇、方洞镇、喻寺镇、嘉明镇、得胜镇、奇峰镇、福集镇、天兴镇、潮河镇、云锦镇局部区域,播种～抽穗期≥10 ℃积温＜2550 摄氏度·日;其余区域播种～抽穗期≥10 ℃积温大部分值在 2550～2650 摄氏度·日之间。

从泸县抽穗～成熟平均气温来看(图 6-2):泸县水稻种植的抽穗～成熟期平均气温为 26.5～28.5 ℃,从空间分布看,海拔较低处抽穗～成熟期平均气温相对较高,海拔较高处抽穗～成熟期平均气温相对较低。抽穗～成熟期平均气温相对较高区域主要集中在百和镇、太伏镇和兆雅镇局部区域,抽穗～成熟期平均气温＞28 ℃;气温相对较低区域主要集中在毗卢镇、石桥镇、方洞镇、喻寺镇、嘉明镇、福集镇、得胜镇、奇峰镇、天兴镇、潮河镇局部区域,抽穗～成熟期平均气温＜27 ℃,

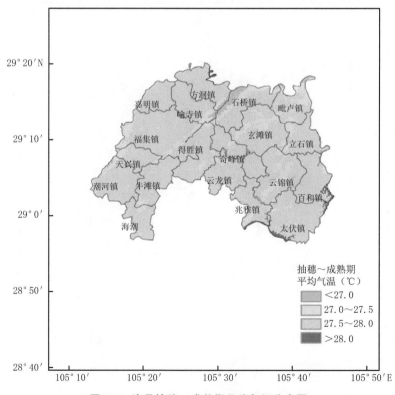

图 6-2　泸县抽穗～成熟期平均气温分布图

其余大部区域值在 27～28 ℃。

　　从泸县抽穗～成熟期总日照分布图 6-3 可见:泸县水稻种植的抽穗～成熟期总日照在 200～220 小时,从空间分布看,呈现由东向西逐渐减少的趋势。日照相对较少区域主要集中在海潮、牛滩镇、潮河镇、天兴镇、福集镇、嘉明镇大部,喻寺镇部分及方洞镇、得胜镇局部区域,抽穗～成熟期总日照<205 小时;抽穗～成熟期总日照相对较多区域集中在立石镇、百和镇、太伏镇部分,云锦镇、玄滩镇、毗卢镇、石桥镇、方洞镇、喻寺镇局部区域,抽穗～成熟期总日照>215 小时;其余大部区域日照时数在 205～215 小时。

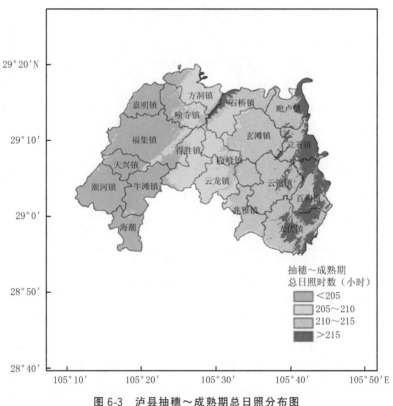

图 6-3　泸县抽穗～成熟期总日照分布图

　　从泸县移栽至成熟期降雨量(图 6-4)来看:移栽～成熟期降雨量在 540～565 毫米,移栽～成熟期降雨量相对较多区域主要集中在毗卢镇、石桥镇、方洞镇、喻寺镇、奇峰镇、得胜镇、福集镇、嘉明镇、牛滩镇、海潮、潮河镇、天兴镇、云锦镇、太伏镇局部区域,移栽～成熟期降雨量>560 毫米;移栽～成熟期降雨量相对较少区域主要集中在方洞镇、喻寺镇、嘉明镇大部,福集镇、牛滩镇、得胜镇、奇峰镇、石桥镇、云龙镇、兆雅镇部分及海潮、玄滩镇、毗卢镇、立石镇、云锦镇、百和镇、太伏镇局部区域,移栽～成熟期降雨量＜545 毫米;其余大部区域降雨量在 545～560毫米。

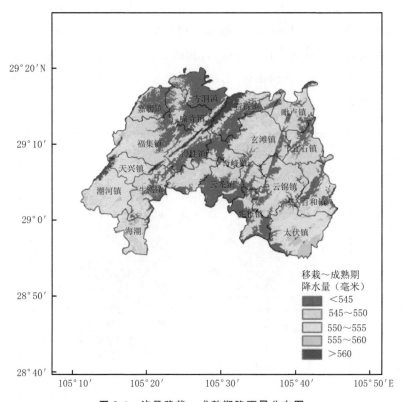

图 6-4　泸县移栽～成熟期降雨量分布图

综上,泸县水稻种植区划见图 6-5。

最适宜区

泸县水稻种植的气候最适宜区在泸县大部区域,包括太伏镇、百和镇、立石镇、玄滩镇、云锦镇、兆雅镇、奇峰镇、云龙镇、得胜镇、毗卢镇、石桥镇、方洞镇、潮河镇、天兴镇大部,海潮、喻寺镇、嘉明镇、福集镇、牛滩镇局部区域。上述区域移栽～成熟期降雨量大部区域在 545～550 毫米,自然降水资源能较好地保障优质水稻生产需求;在水稻播种～抽穗期间≥10 ℃积温在 2600 摄氏度·日以上,热量资源条件利于促进水稻生长形成大田丰产结构;在抽穗～成熟期,该区域的抽穗～成熟期平均气温在 27.5 ℃以上,抽穗～成熟期日照时数大部区域在 210 小时以上,较好的光、热条件基本满足形成优质水稻的需求。

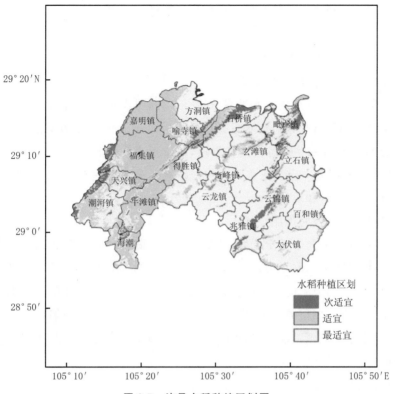

图 6-5　泸县水稻种植区划图

适宜区

泸县水稻种植的气候适宜区主要集中在嘉明镇、福集镇、牛滩镇大部,海潮、潮河镇、天兴镇、喻寺镇部分及方洞镇、石桥镇、奇峰镇、得胜镇、云龙镇、玄滩镇、毗卢镇、立石镇、云锦镇、百和镇、太伏镇、兆雅镇局部区域。上述区域移栽～成熟期降雨量大部区域在 545～550 毫米,自然降水资源能较好保障优质水稻生产需求。在水稻播种至抽穗期间的≥10 ℃积温大多在 2600 摄氏度·日以上,热量资源条件利于促进水稻生长前期形成大田丰产结构。在抽穗至成熟期间,该区域的抽穗～成熟期平均气温大部在 27 ℃以上,热量条件基本满足形成优质水稻的需求,日照时数大部区域在不足 205 小时,光照时数的不足是影响该区域发展水稻种植的重要因素。

次适宜区

泸县优质水稻种植的气候次适宜区主要集中在方洞镇、喻寺镇、嘉明镇、福集镇、天兴镇、潮河镇、牛滩镇、海潮、得胜镇、石桥镇、奇峰镇、云龙镇、玄滩镇、毗卢镇、立石镇、云锦镇、百和镇、太伏镇局部区域。上述区域为泸县海拔较高区域,热量条件的不足是制约该区域开展水稻生产的关键气象因子。

(3)优质水稻生产对策建议

a.水稻干旱灾害防御措施

(a)水稻大田期防旱抗旱对策

对受旱的稻田,宜采用节水灌溉方法。首先,要满足移栽后的缓苗水,之后应先湿润灌溉,田面不留水层,待水量充足后再采取浅水灌溉;其次,要满足孕穗水,因为孕穗期是水稻一生中需水的临界期,对干旱最为敏感,此期如受旱会引起大量颖花败育,从而减少总颖花数和花粉粒发育不全,使其抽穗后不能受粉而成为空壳,直接影响产量和质量。

(b)抓紧中耕、及时追肥

天旱时,如田面尚未完全干涸,就要抓紧中耕除草。这样既有利于根系发育,减少蒸发,增强水稻的耐旱力,又可防止田里的杂草争夺水分及养料。另外,高温干旱也影响水稻的吸肥能力,致使水稻生育受抑制,因此应结合中耕灌水,抓紧追施氮肥及复合肥。如苗数不足,灌水后叶片转色不明显,叶色仍偏黄,应增加用肥量,后期应施好穗粒肥。灌水较晚的地块,应先施恢复生长肥,再重施粒肥,以减少颖花退化,促进灌浆结实。

(c)加强病虫防治

受旱水稻的生育进程都有不同程度的推迟,生育滞后,抵抗力弱,因此应加强病虫监测和防治。

(d)"薄、浅、湿、晒"灌溉技术

水稻"薄、浅、湿、晒"灌溉,是根据水稻移栽后各生育期的需水特性和要求进行灌溉排水,为水稻生长创造良好的生态环境,达到节水、增产的目的。即薄水插秧、浅水返青、分蘖前期湿润、分蘖后期晒田、拔节孕穗期回灌薄水、抽穗开花期保持薄水、乳熟期湿润。这种灌溉技术简明,也易于理解掌握,是节水灌溉的好方法。

b.水稻暴雨洪涝灾害补救措施

(a)排除渍水

及时疏通排水道,修复毁坏的水利设施,尽早排除渍水,缩短稻株受淹时间,使秧苗尽早恢复正常生长,减轻受损程度。

(b)洗苗扶苗

对被水淹的秧苗尽早用清水洗掉粘附的污泥和杂物,对倒伏的秧苗要尽早进行扶苗,促使其恢复正常生长。

（c）病虫防治

稻株受灾后，抗逆性减弱，容易受病菌的侵染，应及时进行病害的预防。主要是预防白叶枯病、稻瘟病、纹枯病，同时不能忽视害虫的防治，主要防治二化螟、稻纵卷叶螟等。

（d）肥水培管

天气转好后根据灾后苗情补施速效肥料，促发新蘖、壮蘖。

c.水稻高温热害灾害补救措施

（a）浅水湿润灌溉。

对已遭受高温热害，但是仍有一定产量的田块，一要坚持浅水湿润灌溉，注意生育后期不能断水过早，最好到收获前7天再断水。

（b）加强病虫害防治

水稻中后期气温高，空气湿度大，水稻群体的叶面积达到最大值，田间小气候非常适宜多种病虫害的发生。所以，在给稻田进行降温的同时，还要加强病虫害防治。

d.水稻低温冷害防御措施

在水稻的不同生育阶段，受到低温冷害的危害也不同，苗期遇到低温冷害，秧苗素质低下，易得立枯病和青枯病；插秧期遇到低温冷害，延长返浆期，秧苗受害，甚至造成死苗，影响全苗；分蘖期遇到低温冷害，影响有效分蘖，降低产量；减数分裂期遇到低温冷害，轻者延迟抽穗开花时间，重者花粉发育受阻，小穗或小花败育；开花期遇到低温冷害，影响授粉结实，出现直脖现象，产量下降，质量不高，品质不佳。

水稻受低温冷害的防御方法有：一是选用抗低温冷害、抗病虫能力强的优良品种，并做到早、中、晚品种合理搭配；二是抢前提早，培育忙秧，稀植栽培；三是防病灭虫，促进水稻良好发育；四是加强管理，合理施肥，科学灌水，搞好除草，秋霜春防，促进早熟；五是出现障碍型冷害时，采取深水护胎灌溉，这是防御障碍型低温冷害的有效措施。

6.2　气象与小麦生长

冬小麦是稍暖的地方种植的，一般在10月下旬—11月上旬播种，翌年4月中、下旬成熟。比如，华北及其以南种植的是冬小麦。在我国一般以长城为界，长城以北大体为春小麦，以南则为冬小麦。我国以冬小麦为主，在泸县地区生长季一般为 11 月上旬—4 月下旬。

6.2.1 小麦生长发育规律

(1)播种期～出苗

a.播种适宜气温为 15～20 ℃,对催芽晚播麦以 20～25 ℃为宜;小麦发芽最适宜气温 20～30 ℃。

b.秋雨连绵,土壤黏重,含水率高,易造成苗弱或霉烂。

(2)分蘖期

a.小麦分蘖的最适宜气温为 13～18 ℃,适宜的土壤相对湿度为 70%～80%。天气晴好,光照充足,利于分蘖。

b.追施速效性氮肥或有机肥,合理施用氮磷钾肥,促进根系生长和分蘖。

(3)拔节期

a.最适宜气温 12～16 ℃,光照充足。干旱对幼穗分化不利,高温寡照造成徒长。

b.冬干时,土壤耕层含水在 16% 以下,麦苗瘦弱,群体偏小,应以水促肥,提前灌水;拔节期均匀喷施矮壮素,防倒效果好。

(4)抽穗期

a.小麦开花授粉的适宜气温为 20 ℃左右,适宜空气湿度为 70%～80%。

b.干旱使柱头干枯,多雨使花粉粒吸胀破裂,小麦受粉不良;孕穗到开花,光照不足使小花发育不良,粒数减少。

(5)灌浆成熟期

a.灌浆的适宜气温为 20～22 ℃,气温偏低时能延长灌浆时间,偏高时则可增加灌浆速度;最适土壤相对湿度在 75% 左右,天气晴好,光照充足,利于灌浆。

b.日平均气温 28 ℃左右,14 时空气相对湿度在 50% 或以下,有＞3 米/秒的风速,则会发生干热风。

c.抽穗以后至灌浆时期,阶段耗水量高达 54.6%,干旱则会造成籽粒瘦瘪,粒重下降。四川盆地是长江流域冬干春旱较为严重的区域,不仅出现频繁,而且危害面积大。

6.2.2 小麦气象工作历

本小节主要结合小麦各个生长发育阶段内我县气温、光照、降水等气候条件,以及在个阶段易遭受的不利气象条件,提出趋利避害的措施建议,详见表 6-3。

表 6-3 小麦气象工作历

物候期	时段	气候条件			不利影响	重要农事季节、主要农事活动及关键生育期等对气象条件的要求	农事建议
		光	温	水			
播种～出苗期	11月1日—11月30日	11月上旬平均日照时数23.9小时;11月中旬平均日照时数13.2小时;11月下旬平均日照时数14.0小时	11月上旬平均16.3℃;11月中旬平均13.8℃;11月下旬平均11.9℃	11月上旬平均21.3毫米;11月中旬18.3毫米;11月下旬平均10.1毫米	低温连阴雨、地下害虫、小麦全蚀病、纹枯病等	1.播种:最低气温2～4℃,最适温度15～25℃,最高温度32～372℃。2.出苗:最低气温3～5℃,最适温度15～18℃,最高气温32～35℃。3.播种～出苗期间需水量在8.0毫米左右,土壤相对湿度在60%～80%最适宜。	1.适时抢晴种。2.小麦墒播种或移栽后注意提高土壤墒情,利干小麦的出苗和生长,并曾强肥水管理、促进壮苗。3.抓住晴好天气及时做好病虫害防治和田间杂草清除工作。
分蘖期～拔节期	12月1日—1月31日	12月上旬平均日照时数8.1小时;12月中旬平均日照时数10.8小时;12月下旬平均日照时数14.4小时;1月上旬平均日照时数11.4小时;1月中旬平均日照时数7.8小时;1月下旬平均日照时数13.1小时	12月上旬平均10.1℃;12月中旬平均9.1℃;12月下旬平均7.6℃;1月上旬平均7.6℃;1月中旬平均5.7℃;1月下旬平均7.7℃;1月下旬平均7.5℃	12月上旬平均5.2毫米;12月中旬7.3毫米;12月下旬平均6.1毫米;1月上旬平均5.7毫米;1月中旬平均6.9毫米;1月下旬平均8.1毫米	气温低降水少、小麦纹枯病、锈病等	1.分蘖:最低气温0～3℃,最适温度10～17℃,最高气温28～32℃,光照育足有利干分蘖和糖分积累。2.拔节:最低温度8～10℃,最适温度12～16℃,最高气温30～32℃。3.分蘖～拔节期间需水量100.0毫米左右,土壤相对湿度使70%～85%最为适宜。	1.做好病虫防治,施肥等田间管理、促进分蘖。2.地势低洼地段注意开沟排湿,保持作物根系的发育和通透性。3.有冷空气活动,气温下降时做好防寒保暖,防止低温、霜冻带来的危害;同时做好查苗补缺为小麦安全越冬奠定基础。

续表

物候期	时段	气候条件			不利影响	重要农事季节,主要农事活动及关键生育期等对气象条件的要求	农事建议
		光	温	水			
抽穗~开花期	2月1日—3月20日	2月上旬平均日照时数16.1小时;2月中旬平均日照时数18.4小时;2月下旬平均20.6小时;3月上旬平均日照时数26.2小时;3月中旬平均日照时数33.0小时	2月上旬平均9.0℃;2月中旬平均10.3℃;2月下旬平均11.2℃;3月上旬平均11.9℃;3月中旬平均14.4℃	2月上旬平均5.0毫米;2月中旬平均8.8毫米;2月下旬平均4.5毫米;3月上旬平均11.2毫米;3月中旬平均8.9毫米	低温雨日,雨量多,小麦蚜虫、赤霉病等	1.孕穗期间光照较强为宜;无5天以上的连阴雨;无低温冻害;气温稳定在12~16℃;水分偏大>80%;无干旱。2.抽穗:最低气温9~10℃,最高气温32~35℃,最适温度13~20℃。3.开花:最低气温29~11℃,最高气温30~32℃,最适温度18~24℃。4.干旱,土壤水分低于田间持水量的50%,严重影响开花授粉结实。5.大到暴雨影响小麦授粉,小麦容易倒伏。6.雷雨大风,小麦造成倒伏,影响后期结实。	1.注意调节田间水分。2.适当间苗,保持麦田间通风透光。3.注意防病虫,并注意倒伏所带来雷雨大风,以减少倒伏所带来的损失。
灌浆成熟期	3月20日—4月20日	3月下旬平均日照时数38.4小时;4月上旬平均日照时数33.9小时;4月中旬平均日照时数44.0小时	3月下旬平均15.9℃;4月上旬平均17.3℃;4月中旬平均18.3℃	3月下旬平均14.1毫米;4月上旬平均23.2毫米;4月中旬平均24.0毫米	雨日多光照少干热风、蚜虫、白粉病等	1.最低气温10~12℃,最高气温32~35℃,最适温度18~2℃。2.灌浆成熟期需水量在75.0毫米左右,相对湿度在70%~80%最为适宜。3.无干热风和大风,风速小于3级。4.无高温干旱,温度小于30℃。5.无暴雨冰雹天气,降雨量<30毫米。	1.温湿条件下小麦病虫害发生和流行时有利,建议适时做好小麦虫害的监测和防治工作。2.注意喷洒药物防御干热黄水,有条件的地方可灌麦黄水,对小麦籽粒干物质积累有利。

6.3　气象与玉米生长

玉米为禾本科玉蜀黍族一年生谷类植物,学名 *Zea mays* L.,起源于美洲。植株高大、茎壮叶茂、挺直,高为 3～5 米,直径为 2～5 厘米。叶窄而长,边缘波状,于茎的两侧互生,长为 40～60 厘米,宽为 4～8 厘米,先端渐尖,基部圆或微呈耳形,表面暗绿色,背面淡绿色,两面带纤毛,中脉较宽。玉米是雌雄同体,雄花花序穗状顶生,雌花花穗腋生,成熟后成谷穗,具粗大中轴,小穗成对纵列后发育成两排籽粒。谷穗外被多层变态叶包裹,称作包皮。鲜嫩秸秆微甜如甘蔗可食用,籽粒亦可食。

6.3.1　播种出苗期

(1)适宜的农业气象条件

a.种子萌发最适气温 25～35 ℃,最低气温 6～8 ℃,最高气温 40～45 ℃。

b.西南地区播种后不能遭遇日平均气温连续 5 日以上低于 8 ℃的天气。

c.土壤相对湿度为 65%～75%。

(2)不利的农业气象条件及可能出现的灾害

a.日平均气温低于 8～10 ℃可造成粉种。

b.土壤相对湿度低于 60%,将会造成炕种,种子迟迟不能发芽,往往会发生坏种,造成缺苗断垄或大面积毁种。

c.土壤相对湿度大于 80%时发芽不良,易霉烂。

(3)应采取的农业措施及主要农事活动

a.深耕改土,精细整地:一是采用前犁后套或前犁后锄的办法逐年深翻,增施有机肥;二是采用黏土掺沙、沙土充黏土的办法改良土壤;三是玉米与豆科作物轮作或间种、套种,提高土壤肥力。

b.因地制宜,选用良种。

c.施足基肥:采用先淋水粪垫底,播种后用堆肥或猪栏粪盖种,具有防旱、防寒作用,是全苗、壮苗的有效措施之一。

d.适时早播:在播种期范围内争取早播,并精选种子,采用浸种、药剂和种衣剂拌种等方法处理好种子,争取一播全苗。

e.合理密植,力争高产。

6.3.2 苗期

玉米播种出苗期为3月中旬—4月上旬。苗期即为出芽后30～40天,生长特点是以根系生长为中心,同时增加叶片,分化茎节。

(1)适宜的农业气象条件

a.幼苗生长最适气温为28～35 ℃,最高气温为40～45 ℃。

b.苗期最适宜的日平均气温为18～20 ℃。

c.适宜的土壤相对湿度为60%～75%,蹲苗时土壤相对湿度为55%～60%。

d.出苗时需水量占总蓄水量的30.7%,每100平方米需水0.94立方米。

(2)不利的农业气象条件及可能出现的灾害

幼苗时遭遇2～3 ℃低温影响正常生长。短时气温低于−1 ℃,幼苗受伤;低于−2 ℃时死亡;低于4～5 ℃时根系停止生长;高于40 ℃时,茎叶生长受抑制。

(3)应采取的农业措施及主要农事活动

苗期的田间管理主要是保证苗全、苗齐、苗壮,适当控制地上茎叶生长,积极促进根系生长,即促下控上。

a.移栽补苗保证全苗:玉米出苗后应立即查苗补缺。

b.早定苗、匀留苗,在3叶～4叶期进行。

c.早追肥,促壮苗。

d.蹲苗促壮:蹲苗方法是在地较肥、底墒足、施足底肥和种肥,以及比较密植的基础上,控制苗期浇水,采取多次中耕,使土壤上干下湿,促进根系向下深扎。

6.3.3 拔节孕穗期

拔节孕穗期即为拔节后25～30天,生长特点是以长穗为中心,营养生长与生殖生长旺盛并进,雄穗雌穗先后分化形成。

(1)适宜的农业气象条件

a.当日平均气温达到18 ℃以上时,植株开始拔节。

b.幼穗分化最适温为24～26 ℃,最低气温为18 ℃,最高气温为38 ℃。

c.土壤相对湿度为70%～80%。

d.每天日照时数为7～10小时。

e.拔节后降雨量在30毫米以上,侯平均气温25～27 ℃是茎叶生长的最适宜温度。

f.雌穗发育的适宜气温为17 ℃,雄穗发育的适宜气温为10 ℃。

（2）不利的农业气象条件及可能出现的灾害

a. 日平均气温低于 10～12 ℃,茎秆停止生长;日平均气温超过 32 ℃,生长速度减慢;日平均气温在 10 ℃时,雄穗花瘪,17 ℃时,雌穗停止分化。

b. 土壤含水量低于 15%易造成雄穗部分不孕或空杆。

（3）应采取的农业措施及主要农事活动

玉米穗期田间管理的主要任务是攻杆攻穗,严防缺水脱肥,避免旱灾和涝害。具体措施有适时追肥、灌水、中耕、培土、抗倒、防涝。

a. 适时追肥:攻杆、攻穗、攻粒三攻追肥法,重点是攻杆和攻穗。

攻杆肥:拔节前后的异常追肥,春玉米在播后 45 天左右。追肥量应根据地力、底肥和苗情而定。地力高、底肥足、苗子壮时,应适当控制肥量或不追肥,以防穗位过高。地薄、肥少、苗弱的情况下,应适时早追和多追肥。

攻穗肥:此次追肥指抽穗前 10 天接近大喇叭口期的追肥。重施穗肥,对增加粒重和提高产量都有较大的作用。

b. 灌水:攻杆水、攻穗水、攻粒水,与施肥相结合。拔节后浇好攻杆水,促进茎叶生长和雌雄穗分化;大喇叭口期浇好攻穗水,防止干旱;开花后浇攻粒水,促进籽粒饱满。

c. 中耕培土:拔节时应进行深中耕(2～2.5 寸*),扩大吸水范围,除草灭荒。到大喇叭口期应结合施肥培土,促使气生根早日入土,防止植株倒伏;同时还有利于雨季防涝。在土性不粘、排水良好的情况下,培土不宜太高,以免使根系周围通气不良,影响根系发育。

d. 防治病虫害:主要害虫有玉米螟、黏虫和蚜虫等,病害有大小斑病、黑粉病和丝黑穗病等,必须及时防治。

6.3.4　抽穗（雄）开花期

（1）适宜的农业气象条件

最适宜气温是 25～28 ℃,最低气温是 18 ℃,最高气温是 30 ℃;空气相对湿度 70%～90%为宜;土壤相对湿度为 70%～80%为宜;每天日照为 8～12 小时有利于提早抽穗开花。

（2）不利的农业气象条件及可能出现的灾害

a. 日最高气温高于 38 ℃或低于 18 ℃时,花粉不能开裂散粉。

---

* 1 寸＝3.33 厘米,下同。

b. 日平均温度高于 32~35 ℃,大气相对湿度低于 50%的高温干燥条件下,穗不能抽出或花粉迅速干瘪而丧失生命力,造成空穗或秃顶。

c. 相对湿度低于 30%或高于 95%时,花粉就会丧失活力,甚至停止开花。

(3)应采取的农业措施及主要农事活动

该阶段的中心任务是为玉米授粉创造良好的环境条件,增加授粉率。

a. 去雄:应在雄穗刚抽出时还未散粉时进行,有利于去掉雄穗顶端优势,调节养分,促使雌穗发育良好。

b. 人工授粉:人工授粉是减少秃顶缺粒的有效措施,开花授粉遇到天气不良时,进行人工授粉增产效果更明显。

6.3.5 灌浆成熟期

籽粒充实,营养器官停止生长并逐渐衰老的阶段。

(1)适宜的农业气象条件

最适宜气温 25~28 ℃,最低气温是 16 ℃,最高气温是 32 ℃;土壤相对湿度为 70%~80%为宜;每天日照为 7~10 小时有利于灌浆。

(2)不利的农业气象条件及可能出现的灾害

a. 日平均气温低于 16 ℃灌浆停止;日平均气温在 28~32 ℃之间,则呼吸消耗增强,功能叶片衰老加快,籽粒灌浆不足。

b. 遇到低于 3 ℃的低温,即完全停止生长,影响产量形成。

c. 持续数小时的－2～－3 ℃的霜冻,造成植株死亡(泸县地区不会出现)。

(3)应采取的农业措施及主要农事活动

该阶段的主要任务是为玉米结实创造良好的环境条件,提高光合作用效率,延长根和叶的生理功能,防止早衰,提高粒重。具体措施如下:

a. 浇好攻粒水:伏旱时必须浇好攻粒水;涝渍时,必须做好排涝工作。

b. 酌施粒肥:为了防止后期脱肥,应适量施入氮磷肥。前期追肥不多或地薄生长差有脱肥现象时,酌施粒肥增产效果大。如前期肥多,生长正常时可不施肥。

c. 后期中耕:后期中耕能破除板结,促进通气增温,有利于微生物活动和养分分解,促进根系呼吸和吸收,预防早衰,有利早熟。灌浆后期锄一次,收获前几天将垄锄平,既能除草保墒,又能增加粒重,提高成熟度。

d. 适时收获:当基叶、苞叶变黄,籽粒出现光泽而变坚硬时,应及时收获。

6.4　气象与油菜生长

油菜为十字花科,芸薹属,直根系一年生草本植物。油菜茎直立,分枝较少,株高为 30～90 厘米;叶互生,分基生叶和茎生叶两种。基生叶不发达,匍匐生长,椭圆形,长为 10～20 厘米,有叶柄,羽状分裂,顶生裂片圆形或卵形,侧生琴状裂片 5 对,密被刺毛,有蜡粉。茎生叶和分枝叶无叶柄,下部茎生叶羽状半裂,基部扩展且抱茎,两面有硬毛和缘毛;上部茎生叶提琴形或披针形,基部心形,抱茎,两侧有垂耳,全缘或有枝状细齿。总状无限花序,着生于主茎或分枝顶端。花黄色,四片花瓣,为典型的十字形。果实为短角果,由两片荚壳组成,中间有一隔膜,两侧各有 10 个左右的种子,长 3～8 厘米,宽 2～3 毫米,前端有长 9～24 毫米的喙,果梗长 3～15 毫米;种子球形,紫褐色。

6.4.1　油菜生长发育规律

(1)发芽出苗期

a.适宜的农业气象条件

(a)油菜种子无明显休眠期,成熟的种子播种后条件适宜即可发芽。一般当日平均气温为 16～20 ℃,播后 3～5 天即可出苗;12 ℃左右需 7～8 天出苗;8 ℃左右需 10 天以上出苗;日平均气温降至 5 ℃以下,虽可萌动,但根、芽生长速度极为缓慢,需 20 天才能出苗。

(b)种子发芽最适气温为 25 ℃,播种期内必须保证土壤有足够的水分,土壤水分为田间最大持水量的 60%～70% 时对发芽较为适宜。

b.不利的农业气象条件及可能出现的灾害

气温低于 3～4 ℃或高于 36～37 ℃都不利于发芽。土壤湿度过高或过低对出苗都不利。在泸县地区,油菜播种育苗期秋绵雨发生概率较大,造成土壤湿度过高,对油菜的播种育苗不利。

c.应采取的农业措施及主要农事活动

适宜播种期的确定要以气象条件为依据。适宜播种期一般在旬平均气温达到 20 ℃左右为宜,对于泸县秋绵雨严重的情况,应抓住晴好天气及时播种。另外,可根据油菜的品种特性确定播种期,春性强的品种,早播易开花,会降低产量,应适当晚播。冬性、半冬性品种可适当早播,充分利用季节,延长营养生长期,培育冬前壮苗。

(2)苗期(出苗至现蕾,10月上旬—1月中旬)

a.适宜的农业气象条件

(a)油菜苗期的长短因品种、播种期和种植地的气象条件等不同而不同。一般冬油菜的苗期较长,一般约占全生育期的一半或一半以上;春性品种苗期较短;半冬性品种介于两者之间。同一品种播种期不同,苗期长短也不同。在一定播种期范围内,相同品种类型的油菜苗期总积温比较稳定,冬性强的品种约需 600～900 摄氏度·日;半冬性品种约需 300～700 摄氏度·日;春性强的品种约需 300～500 摄氏度·日。壮苗有利于形成高产群体。壮苗的形态特征为植株形成矮健紧凑、茎节密集、叶片数多、叶大而厚、根茎粗矮、根系发达,主根粗壮,无高角苗、弯曲苗。目前,生产上对壮苗的要求为绿叶 6～7 片,苗高 20 厘米以上。

(b)苗期生长的适宜气温为 10～20 ℃。在土壤水分适宜的条件下,温度适宜则根系生长好、叶片分化快、出叶速度快、叶面积大、花芽分化多,可为油菜后期生长发育和产量形成打下基础。油菜苗期需要充足的光照条件,这样有利于光合作用,累计较多养分。每日光照时间长,出叶速度快、花芽分化早、叶片叶绿素含量高。

b.不利的农业气象条件及可能出现的灾害

冬油菜苗期正处于越冬期间,常遇低温而引起冻害。但由于油菜的耐寒力较强,一般遇短时的 0 ℃以下低温不致受冻,但若持续时间长,则易受冻害。油菜苗期虽然植株矮小、气温较低、耗水强度不大,但若水分亏缺,则不利于有机物的制造和累积,苗小叶少,影响生长发育。

c.应采取的农业措施及主要农事活动

移栽油菜要适时早栽,有明显的越冬期的品种,移栽至冬前有 40～50 天的有效生长期,以利形成壮苗越冬,一般以旬平均气温为 13～15 ℃时移栽为好。直播油菜比移栽油菜的播种期要适当推迟 10～15 天,出苗后应及时间苗。

(3)现蕾期(现蕾至初花,1月中旬—3月上旬)

a.适宜的农业气象条件

(a)蕾薹期长短受品种、气温和播种期等因素的影响较大,一般春性品种蕾期较长,半冬性品种次之,冬性品种较短。油菜在蕾薹期由于气温升高,主茎节间伸长,叶面积扩大,蒸腾作用增强,必须有足够的水分。

(b)油菜一般在开春后气温稳定在 5 ℃以上时现蕾,现蕾后即可抽薹,如气温在 10 ℃以上时可迅速抽薹。蕾薹期光照充足,叶片光合作用大,稀植通风透光好,并且肥水充足,油菜中下部的腋芽可发育成有效分枝。此期土壤湿度以达到田间最低持水量的 80% 左右才能满足需要。

b.不利的农业气象条件及可能出现的灾害

气温过高,抽薹过快,易出现茎薹纤细、中空和弯曲现象,对产量形成不利。油菜进入蕾薹期后抗寒力大大减弱,若此时遭遇 0 ℃以下低温,易造成裂薹和花蕾死亡。如果光照不足,种植密度又大,则仅上部腋芽发育成有效分枝。蕾薹期土壤水分不足,主茎变短,叶片变小,幼蕾脱落,产量不高;水分过多,会引起徒长、贪青、倒伏。

c.应采取的农业措施及主要农事活动

油菜在冬前或越冬时会出现抽薹和开花现象,植株提早抽薹开花易受冻害,影响生长发育和结实,降低产量。出现早花的原因是春性品种和半冬性品种播种过早,尤其是秋冬气温偏高的年份更为严重。因此,要根据品种感温特性适时播种,已抽薹的油菜技术摘薹可延迟开花,避免早春低温冻害。

(4)开花期(始花至终花,3月上旬—3月下旬)

a 适宜的农业气象条件

(a)油菜开花期是营养生长和生殖生长都很旺盛的时期。白菜型油菜开花要求气温较低,甘蓝型油菜要求较高;早熟、早中熟和中熟品种开花期早,开花气温较低,中晚熟、晚熟品种开花迟,开花气温较高。

(b)油菜开花的气温范围为 12～20 ℃,最适为 14～18 ℃;开花期适宜的空气相对湿度为 70%～80%。油菜花期需要充足的光照,以利于叶片和幼果的光合作用;花期土壤湿度以田间持水量的 85%左右较为适宜。

b.不利的农业气象条件及可能出现的灾害

气温在 10 ℃以下开花数量显著减少;5 ℃以下多不开花;至 0 ℃或 0 ℃以下,易导致花朵大量脱落,并出现分段结荚现象。当气温高于 30 ℃时虽可开花,但花朵结实不良。空气相对湿度低于 60%或高于 94%都不利于开花。若遇连阴雨天气,会显著影响开花结实,阴雨伴随低温寡照,易引起植株早衰,使角果数减少,每角粒数下降,千粒重降低而造成减产。开花期为油菜对土壤水分反应敏感的临界期,缺水会影响花朵、花蕾脱落。若春季雨水多,土壤和空气湿度大,还易诱发病害。

c.应采取的农业措施及主要农事活动

应重视田块沟系配套,冬前和开春后注意清理沟渠。

(5)角果发育期(终花至成熟,3月下旬—4月下旬)

这一时期包括角果、种子的体积增大,幼胚的发育,油分及其他营养物质的积累过程,是决定粒数、粒重的时期。

a.适宜的农业气象条件

角果及种子形成的适宜温度为 20 ℃,昼夜温差大和日照充足有利于提高产量和含油量,一般以土壤含水量不低于田间最低持水量的 60% 为宜。

b. 不利的农业气象条件及可能出现的灾害

低温则慢熟,日均温在 15 ℃ 以下则中熟品种不能正常成熟,过高则造成逼熟现象,种子千粒重不高,含油量降低。水分过低会使秕粒增加,粒重和含油量降低;过高又常使油菜植株贪青,延迟成熟。严重渍水则导致根系早衰,产量降低和引起病害。泸县地区有春季阴雨天气,常会造成阴害和湿害,影响开花授粉,降低结荚率和结籽率,降低光合作用和净光合率,光合产物减少,千粒重降低,并使根系受渍,导致植株早衰,容易引发病虫害,严重影响产量。油菜一生虽需水较多,但一般品种多不耐渍,白菜型品种渍害最重。我国油菜产区土壤多以水稻土为主,田间易造成渍害。

c. 应采取的农业措施及主要农事活动

花角期阴害较重的地区,需调整结角层结构,以适应较弱的光照条件。在湿害较重的地区应调节花角期以避免湿害;另外,需加强排水,养根保叶,以减少损失。

6.4.2　油菜种植区划

(1)区划指标

泸县油菜种植气候适宜性因子的选取主要考虑三方面:一是油菜生产需要的基本气候条件,冬油菜以越冬气温及全生育期水分条件为主;二是泸县油菜种植的限制性因子,主要是降雨量和总热量;三是各生育期对油菜产量影响较大的主要气象因子。对各气候要素和油菜单产进行相关分析发现,可作为区划因子的气候要素有四个,生育期≥0 ℃活动积温、1月平均气温、1月日最低气温、蕾薹期降雨量。

对这四个区划因子进行相关分析,发现除蕾薹期降雨量外,其他因子呈显著正相关,以生育期≥0 ℃活动积温代替三个与气温相关的区划因子,最终得到两个互相独立的区划因子:生育期≥0 ℃活动积温和蕾薹期降雨量。蕾薹期降雨量是衡量优质油菜生产用水能否得到有效保障的主要因子;生育期≥0 ℃活动积温是衡量油菜生长前期的热量水平,是衡量能否形成优质油菜的重要气象因子。

通过分析区划因子与单产的相关性可知,当 46 毫米＜蕾薹期降雨量＜56 毫米时,油菜单产较高;而蕾薹期降雨量≥56 毫米或者≤46 毫米时,油菜单产略低。因此,可将这两种情况分别定义为适宜和较适宜。

用同样的方法确定生育期≥0 ℃活动积温这一区划因子的适宜性分级阈值。当 3200 摄氏度·日＜生育期活动积温＜3400 摄氏度·日时,适宜油菜生长;而生育期活动积温≥3400 摄氏度·日或者≤3200 摄氏度·日时,较适宜油菜生长。

(2)气象要素分布

根据上述区划指标,利用泸县及周边气象站观测资料建立各区划指标的小网格推算模型,如式 6-1。

$$X = f(i,j,h) + \varepsilon \tag{6-1}$$

式中,X 表示区划指标(如年降雨量等),i,j,h 分别表示经度、纬度和海拔高度,为残差项,是实际观测值和模型推算值的差。采用多元线性回归法建立推算模型,各区划指标的小网格推算模型表达式如表 6-4 所示。

表 6-4　区划指标小网格推算模型

区划指标 X_i	推算模型
生育期≥0 ℃活动积温(摄氏度·日)	$X_1 = -0.772h - 26.977i - 62.955j + 8312.553$
蕾薹期降雨量(毫米)	$X_2 = -0.015h + 9.635i - 16.456j - 480.034$

利用 GIS 软件,采用表 6-4 的气候要素小网格推算模型,基于 1∶50000 地理信息资料将各指标要素按 80 米×80 米×3 米分辨率展开,再利用先进的地理信息分析技术,制作多层次平面区划图,根据区划指标将泸县地区分区。

从泸县油菜全生育期期≥0 ℃积温分布图 6-6 来看,泸县油菜生育期≥0 ℃积温大部地方介于 3200～3500 摄氏度·日之间;从空间分布上看,呈现海拔低的区域积温高,海拔高的区域积温低的分布特点。积温条件最好的区域主要集中在海拔相对较低的地方,包括海潮镇、牛滩镇、潮河镇、福集镇东南部、得胜镇北部、太伏镇南部、兆雅镇南部以及百和镇东部一带,≥0 ℃积温超过 3400 摄氏度·日;太伏镇东部、百和镇南部、兆雅镇北部、奇峰镇大部、云龙镇、嘉明镇、天兴镇、福集镇西部、喻寺镇北部、方洞镇、石桥镇南部以及得胜镇大部油菜全生育期≥0 ℃的积温为 3365～3400 摄氏度·日,热量条件次之;积温条件相对较差区域集中在玉蟾山和龙贯山脉区域,油菜全生育期≥0 ℃积温不足 3300 摄氏度·日;县内其余区域积温大部分值为 3300～3365 摄氏度·日。

从泸县油菜蕾薹期降水量(图 6-7)来看,大部区域为 45～60 毫米。油菜蕾薹期降水量相对较多区域主要集中在百和镇南部、太伏镇、兆雅镇南部区域,降水量超过 55 毫米;海潮镇、立石镇南部、云龙镇南部、兆雅镇北部、云锦镇和百和镇北部地区次之,油菜蕾薹期降水量为 53～55 毫米;油菜蕾薹期降水量相对较少的区域主要集中在嘉明镇、福集镇北部、方洞镇、喻寺镇以及玉蟾和龙贯山脉地区,降水量不足 50 毫米;县内其余大部区域降水量为 50～53 毫米。

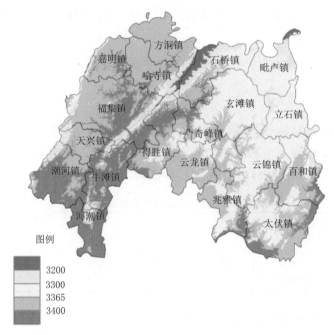

图 6-6　泸县油菜全生育期≥0 ℃活动积温分布图

图 6-7　泸县油菜蕾薹期降水分布图

（3）区划结果（见图 6-8）

适宜区

泸县油菜种植的气候最适宜区涵盖了泸县大部区域,包括了太伏镇北部、百和镇、立石镇、玄滩镇、云锦镇、兆雅镇、奇峰镇、云龙镇、得胜镇,毗卢镇大部、石桥镇东南部、方洞镇大部、潮河镇、天兴镇、海潮镇东部、喻寺镇、嘉明镇、福集镇和牛滩镇大部区域。上述区域油菜全生育期期≥0 ℃积温大部在 3300~3500 摄氏度·日,热量资源能较好保障油菜作物生产需求;油菜蕾薹期降水量大部为 45~60 毫米,较好的降水条件满足形成优质油菜的需求。

图 6-8　泸县油菜种植区划图适宜区

次适宜区

泸县油菜种植的气候次适宜区主要集中在玉蟾山脉和龙贯山脉一带,此外海潮镇南部、毗卢镇局部地方、太伏镇南部以及百和镇东南部地区也属于气候次适宜区。上述区域油菜全生育期≥0 摄氏度活动积温大部低于 3300 摄氏度·日,热量资源条件基本满足油菜生长;油菜蕾薹期降水量为 45~50 毫米,自然降水资源条件为油菜生长提供了水分保障。其中,玉蟾山脉和龙贯山脉地区热量条件稍逊以及海潮镇及太伏镇地区降水略多是影响这些区域优质油菜生长的主要因素。

基本适宜区

泸县油菜种植的气候基本适宜区主要分布在玉蟾山脉高山区域。由于海拔较高,热量条件不足是制约该区域开展油菜生产的关键气象因子。

(4)优质油菜生产对策建议

a. 油菜高温干旱灾害补救措施

(a)选择适宜栽培期与密度

易发生干旱且没有灌溉条件的田块,优先采用育苗移栽方式,并根据天气选择适宜移栽期;如移栽期推迟,可在每亩 8000～12000 株的范围内逐渐增加移栽密度。如采用直播方式,可预先整地并施基肥,在雨前抢时播种;如播种期推迟,可在每亩 0.25～0.35 千克的范围内逐渐增加播种量。

(b)灌溉抗旱

随时关注天气预报,灌溉抗旱,并及时排出田间积水,以防烂根。有劳力的可在灌溉后浅锄松土除草,以防止土壤板结、保蓄水分。

(c)稻草还田

移栽田在栽后于行间每亩覆盖稻草 400 千克;直播田在播后每亩覆盖稻草 400～600 千克,播种量增加至每亩 0.3～0.4 千克。这样能减少土壤水分蒸发,确保种植密度。

(d)查苗补缺

有死苗的田块如季节允许,应做好查苗补缺工作,保证田间种植密度。

(e)喷调节剂

旺长田块可喷施矮壮素等生长抑制剂,能抑制上部生长、促进根系生长发育、增强抗旱能力。干旱发生后叶面喷施 1000～1200 倍液的黄腐酸也可减轻灾害损失。

b. 油菜低温冻害灾害补救措施

(a)及时清沟排渍扶正

必须及时清沟排渍,以养护根系,增强其吸收养分的能力,预防渍害发生。可利用清沟的土壤进行培土壅根,加固油菜,以减轻冻害对根系的伤害,促进油菜尽快恢复生长。

(b)适时摘除断枝冻叶

晴天轻轻摘除断枝及油菜基部受冻的老黄叶、冻害严重的叶片和菜薹,以便促进伤口愈合;并将杂物清出田外,以增加田间通风透光、降低田间湿度,弥补冻害损失。

(c)预防病害、施用叶面肥

冻害后的油菜抵抗力下降,应喷施药剂预防病害发生。同时,喷施叶面肥,补

充作物营养,增强植株的抗逆性,促进生长发育。如 0.3% 磷酸二氢钾、腐熟稀薄
人畜粪尿等。

(d)尽快追施薹肥

摘除油菜菜薹后,油菜生长发育需要大量的营养,及时补施肥料能满足其需
求。薹肥的施用和摘薹可同时进行,每亩可施尿素 7~10 千克为宜。

第 7 章

泸县气象与龙眼种植

7.1 龙眼与气象条件的关系

龙眼又称桂圆,性喜温暖多湿。在年平均气温 17.5 ℃以上、年降水量 1200 毫米以上、年日照时数 1500 小时以上、年太阳辐射 3768 兆焦耳/平方米以上的地区栽培品质较好。

泸县年平均气温 18.0 ℃,极端最高气温 41.3 ℃,极端最低气温 −1.6 ℃;年平均降水量 1016.2 毫米;年平均日照时数 1145.0 小时。从最近 30 年的气象观测资料来看,泸县每年冬季日平均气温低于 5 ℃的平均天数约 7 天,低于 0 ℃平均天数约 2.5 天。达到了龙眼生长下限要求,适宜大规模发展龙眼种植。

7.1.1 气温

影响泸县龙眼生产最关键的是气温,龙眼生长下限气温是 17.5 ℃,低于这个温度就会难以生存、挂果。年平均气温在 18~24 ℃,且冬季 12 月、1 月最低气温少有低于 0 ℃的地区都可以进行种植。冬季最低气温对泸县龙眼生产很关键。2 ℃时,龙眼树就会开始受到影响;0 ℃时,龙眼幼苗及龙眼树的幼枝将会受冻;−1.5 ℃时,龙眼树的老枝将会受冻;−4 ℃时,龙眼大树、老树都会被冻死。

龙眼在不同的生长发育季节,对气温要求不同。在 12 月—翌年 1 月花芽生理分化期,2 月中旬—3 月进入形态分化期,日均温 8~16 ℃,将有利于龙眼的花芽分化;此时若遇 2~4 ℃的倒春寒天气,则一部分花梗将受到冻害,会影响来年产量;若气温低于 0 ℃则会造成来年绝收。龙眼开花期,以 18~26 ℃时开花最盛;

花粉以 20～28 ℃最为适宜。花期气温过高或者过低,都会影响开花授粉。

在广东、广西、福建等龙眼种植区年平均气温都在 21 ℃以上,而在泸县,虽然年平均气温才 18.0 ℃,但由于存在局地小气候,冬季无雪、无冻雨、基本无霜,达到了龙眼生长下限要求,选择比较耐冻的龙眼品质,也适宜龙眼的经济种植。

7.1.2　水分

水分也是影响龙眼生产的重要因素,要求年平均降雨量 1000～1700 毫米。龙眼具有强大的根系,生长较为适宜的土壤含水量为 13％～28％,比较耐旱;另外,龙眼根系可以耐受 3～5 天的水淹。在花芽分化期,少雨的天气和适度干旱的土壤,有利于花芽分化。龙眼花期忌低温、阴雨,低温、阴雨会造成"沤花"、造成授粉不良,极大的降低坐果率。龙眼在 6—8 月需要较多水分,如果遇到干旱,根据干旱程度不同和灌溉的不同,将不同程度的影响产量。

7.1.3　光照

充足的光照有助于促进光合作用,增加有机质的供给,有利于花芽分化,促进果实发育,提高果实品质。花芽分化期充足的光照有利于成花;开花期光照不宜过强,光照过强易造成雌花柱头干枯,影响授粉;幼果期若长期缺乏光照,则光合效能低,营养和激素失去平衡而导致落果。

7.1.4　风

风可调节果园气候环境,有调节气温的作用。微风、静风环境对龙眼生长适宜。花期忌吹高温干燥风和潮湿的雾风,干燥风易使雌花柱头干枯,雾天会导致花朵落花;晴天、微风有助于传播花粉。泸县属于盆地气候,大风天气较少,总体较有利于龙眼开花、授粉。

7.2　龙眼不同生长期对气象条件的要求

7.2.1　树苗生长期

龙眼幼苗期光饱和点较低,光合作用较弱,日太阳辐射达到 16.7 兆焦耳/平方米左右时常造成叶绿素分解,叶片干枯现象。高温和气温突变对幼苗生长不利。气温过高时,叶子的同化作用加强,同化量也随之增加,细胞液逐渐变浓、变干,使细胞甚至整个组织死亡;气温急剧升高时,尽管幼苗形态或结构上的痕迹表现不明显,但会导致幼苗生理上的创伤,难以恢复。夏季气温高、多雷雨,气温易骤变,对龙眼苗期生长极为不利,应注意防御。在苗期嫁接时,应在日平均气温稳定上升到 15 ℃以上,树液流动比较旺盛的季节比较有利;太阳辐射比较强,蒸发量大,空气湿度小则不利。

7.2.2 成龄期

龙眼为多年生果树,基本上是周年生长。在周年生长中基本可分为越冬、根系生长、枝梢生长、花芽分化和开花结果等几个时期。

(1)越冬期。龙眼的抗寒能力与树龄、树势强弱、栽培管理条件、品种以及降温程度、持续的时间长短有关。据研究,冬季低温是影响龙眼分布的主要因素。气温降至 0 ℃时,幼苗、幼树开始受冻;气温在 $-0.5 \sim -4.5$ ℃时,成年树表现出不同程度的冻害,轻者枝叶枯萎,重者地上部分整株死亡。若低温伴随长期干旱,冻害更甚;若低温持续时间长,该年就成为大面积冻害年。如果入冬前气温缓慢下降,高低温振幅小,入冬后即使遇较低的气温,受冻也会相应减轻;如果入冬前高温多雨,枝叶茂盛,入冬后若遭受寒潮,即使寒潮过程日平均气温不是很低,冻害也会比较严重。

(2)根系生长。根系的生长与地面上部生长结果存在正相关关系。当土壤温度在 5.5 ℃时,根系活动甚弱;土壤温度升至 10 ℃以上时,根系生长开始加速;23 $\sim$ 28 ℃,为根系生长的最适温度;29~30 ℃时,根系的活动又变慢;33~34 ℃时,根系则停止生长。即土温 34 ℃为根系生长的最高温度。一般幼龄树根系生长的起点温度低于成年树,且其根的生长量也多于成年树。

土壤温度影响着龙眼根系对水分和养分的吸收。在低温条件下,水分和矿物质的吸收减少,细胞激素的合成和运输受碍,从而影响龙眼的生长、产量和品质。在生产实践中,可通过栽培措施改善土壤温度,促进根系发展,从而有效提高龙眼的品质与产量。

(3)枝梢生长。龙眼一年可抽 4 次枝梢,即春梢、夏梢、秋梢和冬梢。春梢抽发时气温较低,长势一般较差,难以形成结果母枝,故应该短剪;冬梢无用,应该采取措施抑制;夏梢、秋梢及夏延秋梢是龙眼的主要结果母枝。夏梢一般在 6—7 月抽生,秋梢及夏延秋梢在 8—9 月抽生。这三种梢的长势强弱,对次年结果有很大影响。夏梢生长季节,雷阵雨多,叶温高且变化大。这时的温度条件,除少数最高温度影响外,大多数是有利于树梢生长的,所以夏梢比较强壮。秋梢的抽生常受秋旱影响,因此应适时灌水,促进秋梢抽生与生长。

树梢的生长也需要一定的昼夜温差。在不出现临界高温和低温的情况下,气温日较差越大越有利于树梢生长。

(4)花芽分化。龙眼的花芽分化期是营养生长向生殖生长的转换,需要低温诱导,即需要冬季有一段低温时期,使花芽在休眠状态下进行生理分化。龙眼花芽萌发早迟,与枝梢类型、树势强弱及早春温度有关。早春如有足够低温干燥条件,如日均温 8～16 ℃,则有利于花穗的形成;相反,气温低于 8 ℃,则花芽不萌动,高于 16 ℃持续时间 5 天以上,则不利于花穗的形成,转抽叶枝或叶苞花,抽花穗少,即称之为"冲梢"。

(5)开花结果。龙眼开花期的早迟受花芽分化期气温的影响较大。如果气温较高,抽穗早,始花期早,花期也就相应提前。龙眼花期如遇低温,则会推迟开花;开花期间,需要有足够的光照条件和较高的气温;开花前后,如气候干燥,水分不足,则枝条发育不良,易形成"空腔子"果实和引起早期落果。但是如果花期遭遇连阴雨,气温较低,日照不足,则严重影响授粉,从而降低坐果率,使产量下降。

龙眼授粉后,果实逐步发育长大,这时要求有充足的水分供应和较强的太阳辐射,以保证果实发育得到充足的养分,以日平均气温 23～27 ℃为宜。龙眼一般有两次明显的落果,第一次是花谢后的一个月左右,这次主要是花期气候不良和其他条件不良,致使受精不正常而引起的。第二次是果肉开始迅速生长期,此时如果肥水不足或者长期阴雨、干旱或大风,也会引起大量落果。龙眼开花结果要求一定的昼夜温差,特别是果实成熟期,昼夜温差大,白昼光合作用强,晚上呼吸作用弱,营养物质积累多,果实品质好、产量高。龙眼果实成熟采收后培养健壮的采后秋梢,对于缩小单株产量变幅及克服大小年都有重要意义。

7.2.3　龙眼嫁接时的天气选择

龙眼嫁接一般在春季、初夏和秋季进行,但多在 3—4 月。最理想的嫁接天气是嫁接前两天无雨,嫁接当天为晴天,嫁接后一周内无雨或少雨,这样可以显著提高嫁接成活率。

7.3　泸县龙眼种植气象灾害影响及防御对策

泸县作为我国龙眼最北缘种植区,目前全国还没有专门针对北纬 28°龙眼种植带的气象灾害研究。现有关于龙眼气象灾害方面的研究,其区域主要是两广、福建以及海南一带。下面将通过对各类气象灾害的发生频率统计和影响情况调查分析,有针对性地提出防灾减灾措施。各类气象灾害对泸县龙眼的影响情况的分析主要是根据调查和结合部分研究文献得出,各气象灾害发生频率选取泸县气象站本站 1976—2017 年的气象资料分析得出。

农作物产量形成与其构成的产量因子有关,龙眼产量因子主要是挂果率和果实大小,而挂果率又与成花数、成果数有关,因此影响成花、成果的气象灾害因子即可视为影响泸县龙眼的主要气象灾害。在已有的研究中表明,可以以产量形成关键期(花芽期、花期、第一次生理落果期、第二次生理落果期)遭遇的气象灾害作为龙眼主要气象灾害 。另外,由于种植带是最北缘地带,是否能安全越冬(冬季冻害)也是一个必须考虑的因子。

根据以上研究,结合泸县气候特点和泸县龙眼的物候特征得出影响龙眼产量的主要气象灾害有:冬季低温冻害(12 月—翌年 2 月),花芽形态分化期的高温冲梢(3—4 月初),花穗、花期、第一次生理落果期的倒春寒、春旱、连阴雨、冰雹(3—5月)和第二次生理落果期的洪涝、夏旱、伏旱、高温日灼、冰雹(6 月中旬—8 月)。在统计中,春旱、夏旱、伏旱统一称为干旱。

7.3.1 低温冻害对泸县龙眼的影响及防御对策

(1)低温冻害对龙眼的影响分析

经过 2000 多年的人工种植和品种改良,尽管泸县龙眼在抗寒性上有所增强,但低温冻害仍然是最为严重的气象灾害。从灾害调查情况来看,同灾害年份,大型果园内部比外缘受灾轻;长江沿岸和大型湖泊周边种植区域受灾轻;海拔低的比海拔高的受灾轻;同一座果园向阳面比背阴面受灾轻;树龄长的比幼树受灾轻。

低温冻害主要影响春芽的萌发和生长,冻伤、冻死春芽,造成无法正常抽梢,形成花芽,也就不会开花或者开花量减小,以致减产,严重的低温冻害造成叶片焦枯、枝条干裂,甚至整株死亡。一般 30% 以上叶片受冻焦枯的果树当年不会开花(泸州市园林绿化科研中心观测结论)。

根据农业气象基础理论,作物在低于 5 ℃ 时停止生长,结合泸县龙眼有低温冻害灾害记录年份的气象资料分析,有低温冻害发生的年份,均出现了连续 5 天以上日平均气温低于 5 ℃ 的时段,因此以连续 5 天日均温低于 5 ℃ 作为发生低温冻害的标准。从 1976—2017 年的观测资料统计,泸县大部低温冻害的发生频率在 37%~40%,即泸县龙眼平均每 2~3 年就会发生一次不同程度的低温冻害。

在统计 1976—2017 年 42 年的气象资料与龙眼单产数据时,有 17 年龙眼有不同程度的减产,只要是收集到了有低温冷冻灾害发生的对应年份,都有龙眼低温冻害灾情出现,共有 11 年发生了不同程度的龙眼低温冻害,所以应重点对低温冻害加以防御。强度较强的 1980 年 2 月,2008 年 1 月冷冻灾害分别造成了 1980 年和 2008 年泸县龙眼大幅度减产。尤其是 2008 年,龙眼产量不足正常年份的 3%,算是绝收,90% 以上的树木受到不同程度的损害,10% 左右的树木死亡,并且 2009 年即使没有大的气象灾害发生,单产仍然比正常年份少 30% 以上。

（2）低温冻害的防御对策

低温冻害是制约泸县龙眼种植的最大气象因素,无论是连续数天的低温天气还是突如其来的强寒潮天气都会对果树造成严重危害,轻则春芽冻伤、冻死,重则枝条因冻干枯,甚者整株冻死。因此,选取种植区域必须充分考虑到低温冻害带来的不利影响。泸县冷空气一般来自北方,气温也是随地理海拔的升高而降低,所以种植地最好选择浅丘的阳面,能靠近大型水体更好,因为大型水体有调节局地小气候的功能。对果园来说防御措施一般有三种。

一是物理法。就是对果树用防寒物直接进行包裹、覆盖,其效果较为显著。但若果园面积较大,则较费劳动力。目前,常采用的物理法如下。

a. 在果树行间覆盖稻草、玉米秸秆、树叶、枯草等,既可以保持土壤墒情,还能提高地温,20 厘米以上地温提升明显。

b. 在果树周围 1 米的直径范围内铺设地膜,注意镇压薄膜,防止被风吹走。

c. 在入冬前,用稻草绳缠绕果树主干、主枝或用草捆好树体主干或者用生石灰涂抹树干。

d. 泸县龙眼种植区下雪的概率较小,因而果树对雪灾的抗逆性更小,容易受灾。若遇降雪,在大雪过后要及时摇落树上积雪。

二是生态法。就是通过一定的措施改善果树的生态环境防御低温冻害的方法。

a. 灌水防冻:对果园进行灌水,既可做到防止春旱,又可以使果园冬季的地温保持相对稳定,从而减轻冻害。

b. 营造防护林:防护林可以改善果园的小气候,冻害过程中可减弱风速,从而减轻冻害,防风林自身也有经济效益,防护作用持久。

三是化学法。在灾害发生之前,人工喷洒具有一定功能的化学制剂,可延迟果树花期、提高树体汁液浓度等,从而增强果树的抗寒性。如保利丰、保得、植病灵 83 增抗剂等。

7.3.2 连阴雨对泸县龙眼的影响及防御对策

(1)连阴雨对龙眼的影响分析

连阴雨是指在 4 月下旬—5 月下旬,出现连续降水,日照时数偏少50％以上的天气过程。研究表明:7 天以上的连阴雨将会对龙眼致害。4 月下旬开始到 5 月下旬为泸县龙眼的开花期、幼果期,若花期遭遇连阴雨天气,将造成龙眼花粉活力较差,昆虫活动减少,大大减小了授粉结果率,严重时候还会造成花朵萎蔫,大量落花;在幼果期,因为阴雨天气,叶片不能正常制造养分,而其本身还得进行必要的呼吸消耗,因此其能量的供应来源,只能从果实贮备中供给,迫使幼果中的营养物质倒流,供应叶、枝、茎、根呼吸消耗所需要的能量,造成果实缩果、干瘪,果柄产生离层而脱落。另外由于阴雨连绵,致使土壤水分达到了饱和,土壤中水多、空气少,根的呼吸受阻、活性降低,吸收能力大大下降,部分根甚至窒息死亡。再者就是在阴雨连绵、高温多湿的情况下,各种病虫害发生较为严重,叶斑病、轮纹病、炭疽病等均有危害,严重者造成落叶、落果、烂果。所以连阴雨对龙眼产量和品质的影响都比较大,并且一旦发生,面积影响广,尤其是发生在开花期,成灾率将会更大,并且连阴雨还伴随了低温天气,当年全县 80％的龙眼树受灾。

据泸县 1976—2017 年的气象资料统计,泸县连阴雨发生概率均在 35％以上。1991 年 5 月出现了连续的阴雨天气,整月仅仅 4 天没有降水,日照不足使其大面积出现花而无果现象,造成严重减产,全县平均单产不足正常年份的 20％。

(2)连阴雨的防御对策

连阴雨天气对泸县龙眼影响较大,连续阴雨天气导致的后果是龙眼开花授粉不畅、落果以及病虫害的发生。其预防措施如下。

a.提早关注天气预报,若遇花期,采取喷施化学药剂延迟开花时间。

b.及时喷肥。叶片应多喷施速效性磷钾肥及多种微量元素叶面肥,少施氮肥,增强和延长叶片功能,多积累养分贮备,以免幼果营养被"倒吸"。

c.及时防治病虫害,使危害降至最低。重点防治叶斑病、炭疽病等病害和角质木虱等虫害。灾后要及时喷药消灭病原菌,减少发病基数。

d.加强土壤管理,及时中耕除草,注意开沟排湿、排水。

7.3.3 冰雹对泸县龙眼的影响及防御对策

(1)冰雹对龙眼的影响分析

泸县冰雹灾害发生时段在 4 月底—8 月底,一般冰雹发生过程中伴有大风,正值龙眼开花至果实成熟时期,若遭遇风雹灾害,轻者花、果实、叶片被部分刮落或者打落,重者植株被吹倒、树枝折断,花和果实全部被打落,受灾的树木大幅度减产,严重的甚至绝收。

从 1976—2017 年气象资料分析,泸县风雹灾平均年发生频率为 20%～30%,落区面积大小不等,严重的影响全县,轻微的发生面积不足 2 平方千米。42 年中,泸县出现过两次大规模的风雹灾,分别发生在 1989 年和 1993 年,基本全县受影响。风雹灾虽然发生概率较小,但其危害性很强,一旦受灾将对产量造成严重影响。1989 年"4·20"风雹灾害造成全县龙眼大面积枝断树倒,并且正值花穗现蕾期,受灾树木当年没有开花,全部绝收,当年全县产量仅为正常年份的 10%。

（2）冰雹的防御对策

冰雹灾害是最难预报的气象灾害之一,中长期预报准确率很低,一般在灾害发生前 12 小时内才能较为准确预报出,这样果农得知预报后采取防御措施可能来不及了,所以人造防风林是减小风雹灾害最为有效的预防措施。受雹灾的果园不仅当年的生长、产量、品质受到影响,还会影响来年的收成。受雹灾的果园关键是要及时采取补救措施,搞好管理。

a. 扶正树干:遭冰雹、大风后部分果树会被刮倒或倾斜,要及时扶正树体,必要时使用支架固定,扶正的果树要培土并踩实。

b. 及时修剪:疏除受冰雹损伤严重的断枝。如果较大的骨干枝皮层受伤而未断裂,应尽量保护和利用。

c. 及时"疗伤":对一些被冰雹打伤的果树的主干、主枝和一些较大的侧枝的皮层应及时除掉翘起的树皮,涂抹伤口保护剂,如 843 康复剂、治腐灵等,以提高伤口的愈合能力。

d. 及时包扎:对冰雹打伤了的皮层,破裂面积在 1 平方厘米以上的主、侧枝上的伤疤,在涂抹药物的同时,用塑料布或塑料袋包扎伤口,以加速伤口的愈合。

e. 适时喷药:对所有遭受雹灾的果树,应全面喷 2～3 次杀菌剂,每隔 10～15 天喷一次,预防病菌侵染。喷洒的杀菌剂有:菌毒清 300 倍液,或苗必清 600 倍液,或 2.5% 多菌灵 600 倍液。落叶后再喷一次福美砷 100 倍液。

f. 追施肥料:每隔 10 天喷一次 0.3% 磷酸二氢钾加 0.3% 尿素,及时对树体补充养分;每株大树追施磷酸二铵 1.5 千克加尿素 1.5 千克或氮磷钾复合肥 0.5～1 千克,小树酌减。

g. 清理果园:摘除无食用价值的伤果,恢复树势。把地果、残枝、落叶等清理出果园,能有效减少病害。

7.3.4　倒春寒对泸县龙眼的影响及防御对策

(1)倒春寒对龙眼的影响分析

"倒春寒"是指在春季,出现 10 ℃以上幅度的降温,连续 3 天日平均气温低于 10 ℃的强寒潮天气过程。此时正值龙眼花芽分化～开花,特别是花芽分化期,龙眼对温度极为敏感,过低的温度影响花芽分化,花芽形态分化数量减少,从而造成花数少。在开花期间遭遇倒春寒,突如其来的强降温影响花粉活力,过程持续时间长了还会造成花粉死亡,影响结实率。

泸县出现倒春寒的频率较低,在 1976—2017 年仅有 2 年发生过,发生频率不足 5%。倒春寒属于强寒潮天气,发生的频率虽然低,但由于发生在龙眼对温度的敏感时段,一旦发生,必然对当年龙眼产量形成负面影响。1988 年 3 月出现了连续 6 天低于 5 ℃的天气,最低气温仅有 1.0 ℃,全县有 75% 的龙眼树受灾,当年受灾果树开花率大大减小;1991 年 5 月上旬,出现了 16.7 ℃的强降温,日平均气温连续 3 天低于 10 ℃,此时正是龙眼开花幼果期,大部分花萎蔫,不能授粉,幼果脱落,受灾果树当年产量仅为常年的 25%。

(2)倒春寒的防御对策

虽然"倒春寒"在泸县地区发生的频率不高,但时值龙眼花穗形成～开花期,一旦遭遇将严重影响正常开花。倒春寒基本能提前 7 天准确预报出,果农有时间做好防御措施。

"倒春寒"发生时长一般只有 2～3 天,主要预防措施是延迟开花期,果农可以根据实际条件采取以下措施。

a.喷洒石灰水:在果树开花前 25～30 天,喷洒 1% 的石灰水,可延迟开花 3～5 天,可躲过寒潮天气带来的低温危害,但一般准确的预报不能提前 25～30 天。

b.灌水降地温:果树开花前后收听收看天气预报,在寒潮天气来临前浇水,降低地温,使果树生长减缓,能延迟开花 2～3 天。

c.喷施化学药剂,如萘乙酸液,可延迟果树开花 5 天以上,从而躲避冻害。

d.喷施能提高植物细胞抗逆性的化学药剂来减轻寒潮的危害。如"天达-2116"。

e.人工干预授粉,在灾害没发生前或者轻微发生前,人工采集花粉并做好存放,灾害过程一旦结束立即采取人工授粉。

除了做好防御措施外,灾后补救措施也很重要。

a.加强肥水管理:尤其是低洼处冷害严重的地块,应抓紧追施速效氮肥,及时浇水,促使果树生长,以保没受冻的花、果。

b.喷施叶面肥:倒春寒一般不会造成叶子冻坏,灾后应及时喷施叶面肥,如天达-2116、磷酸二氢钾或叶霸等,以增强树叶的光合能力,确保能提供充足的养分供植株生长。

7.3.5　高温日灼对泸县龙眼的影响及防御对策

(1)高温日灼对龙眼的影响分析

高温日灼气象灾害是指较高的温度和强烈的日照对作物造成的不利影响。据研究,龙眼幼果在连续 3 天最高气温≥38 ℃,连续 5 天最高气温≥35 ℃,每日日照时数在 10 小时以上的天气过程下将会有轻微灼伤。高温日灼造成叶片萎蔫、光合作用减弱、营养供给不足,从而造成果实膨大受阻、幼果脱落。高温日灼除了影响产量外还会影响果实的品质,果皮受日灼出现晒斑,严重的造成果皮开裂,日后若遇大风暴雨,更易发生裂果现象,果实将失去经济价值;同时会出现高温逼熟,使得果实成熟期提前,这样将对以晚熟闻名的泸县龙眼的经济价值造成影响。

地处四川盆地边缘的泸县,日照不及同纬度其他地区,日灼灾害发生频率不高。根据 1976—2017 年气象资料统计,泸县出现高温日灼气象灾害的年份平均有 8 年,发生频率约为 20%。

高温日灼过程一般伴有干旱发生,属频率较小的灾害;在高温日灼出现年份中成灾仅有 4 年,均是发生在大旱年份。一旦出现日灼灾害,受灾面积会较大,在幼果期发生对产量的影响更大。1976 年 7 月出现了连续 15 天的高温晴热天气,造成龙眼大量落果;2006 年 8 月出现了长达 16 天的高温晴热天气,当年龙眼果实个头明显减小,色泽降低,并且上市时间提前了 2～3 周,大大影响了经济价值。

(2)高温日灼的防御对策

泸州有"小山城"之称,极端最高气温居四川第一。2011 年 8 月连续 15 天晴热无雨,泸县本站最高气温达 41.3 ℃,龙眼果树和果实受到阳光的强烈照射而发生日灼。主要防治方法如下。

a.灌水覆盖法:在果园中种植绿肥或在果园地表覆盖秸秆,并在高温季节多次进行灌水,可使地表和树体的温度明显下降,能有效地防止日灼的发生。

b.涂白贴纸法:利用白色反光的原理来减少果实吸热。具体操作方法:在果实的向阳面,涂白剂或贴上白纸。涂白剂的配制方法:生石灰和水按 3∶8 的比例配制(重量比),加少量食盐,调成糊状。如果贴白纸,根据一束果实的大小,剪取略大于果面的白纸,贴在果实向阳面。

c.果实套袋。利用废旧书报制作袋子,袋的规格应根据一束龙眼果实的大小及形状制作。套袋方法:先将纸袋套住果束,把整束果实都包在袋内,然后用线扎紧袋口,注意袋子底部不要密封,保证透气性。

d.搭建遮阳网:在果树树冠上方搭建遮阳网可以有效防御日灼,遮阳网的大小根据自身情况而定,大型果园须分片搭建。

7.3.6 洪涝对泸县龙眼的影响及防御对策

（1）洪涝对龙眼的影响分析

洪涝是指单日发生强降水天气过程或者连续数日发生较强降水天气过程,累计降水量大。各地洪涝标准不一样,泸县以日降水≥100毫米或者3日累计降水≥150毫米为洪涝标准（四川气象灾害指标）。龙眼树受涝后,根部较长时间处于水浸状态,往往会因通气不良造成烂根,影响果树的正常生长,营养传输不畅,使得果实营养供给不良造成果实脱落,甚至还会出现死树现象。另外,强降水过程伴有的阵性大风会吹断树枝,洪涝引起的地质灾害也会造成果树断倒。

泸县洪涝灾害多发生在6—8月,从气象标准来统计,1976—2017年泸县发生洪涝的平均年份有16年,发生频率约为40%。泸县龙眼遭受洪涝灾害的频率明显小于气象标准的发生频率,洪涝造成龙眼灾害的面积通常也不是很大,原因是龙眼为多年生乔木,根系较为发达,植株高大,种植地一般为丘陵,即使出现强降水,水都流向了地势更低的田地、溪河,在影响龙眼的气象灾害中洪涝的成灾率和绝收率是比较小的。1998年全县近一半龙眼遭受洪涝灾害,灾害造成植株根系受损,果实大量脱落,也有部分树体因为地质灾害被压倒,扶植后果实脱落,还有部分在强降水过程中就被风雨刮落,受灾果树大约减产40%。

（2）洪涝的防御对策

果树受涝后,根部较长时间处于水浸状态,往往会因通气不良造成烂根,影响果树的正常生长,营养传输不畅,造成落果,严重的甚至还会出现死树现象。就目前来讲中长期天气预报洪涝灾害准确率一般在65%左右,远远不及短临预报,所以从防御角度来说一般要提前做好长期有效的防御措施:一是营造防护林,二是靠近大型水体的地势低洼的果园筑建防护堤。

洪涝灾害对果树的影响主要表现在灾害性天气发生后,所以需及时补救以减轻影响,主要补救措施有以下几种。

a.排水:雨后及时开沟排出积水,并冲洗附在枝叶上的泥浆、枯叶、垃圾等,扶正被洪水冲倒的树株。排水后,翻开树盘周围的土壤进行晾晒,经过3天晴好天气晾晒后再把土覆回去。对露在外边的树根要重新埋入土中。

b.耕土:被水淹过的土壤容易板结,引起根系缺氧,从而造成营养供给不足。因此,等土壤稍微干些之后,应抓紧时间翻土,搞碎板结的土块。

c.施肥:果树受涝后,根系受到损伤,吸收肥水的能力变弱,不宜立即进行根部施肥,只能施叶面肥,用 0.1%～0.2%的磷酸二氢钾或 0.5%的尿素溶液均可。等果树长势有所恢复后,再对根部施肥,促进长出新根。

d.修剪:及时剪除断裂的树枝,清除落叶、落果。对根系受伤严重的树及时减负,做好剪枝、去果,以减少蒸腾量,必要时加强救治,防止整株死亡。

e.防治病虫害:涝后要及时喷洒高效农药,防止病虫害滋生蔓延。

7.3.7　高温冲梢对泸县龙眼的影响及防御对策

(1)高温冲梢对龙眼的影响

龙眼"冲梢"是指在龙眼花芽形态分化期,如果气温太高,在发育的花序中长出枝叶,消耗花穗营养,花穗发育受到影响,从而影响成花数量,造成减产的现象。在龙眼花芽形态分化期,气温≥16 ℃时将出现少量小叶,当≥18 ℃的气温持续 3天时,"冲梢"灾害就会明显发生,所以高温冲梢以日均温连续 3 天≥18 ℃为标准。

泸县龙眼花芽形态分化期一般在 3 月,平均气温在 12～13 ℃,该温度非常适时龙眼花芽形态分化。从 1976—2017 年的气象资料来看,在 3 月连续出现 3 天日均温大于 18 ℃的年份有 8 年,发生频率不足 20%,而在南方龙眼高温冲梢气象灾害高达 80%以上。但从近几年的气象资料来看,高温冲梢发生概率有所增大,这可能与全球气候变暖有关。最为严重的一次是在 1990 年 3 月中下旬,泸县出现了连续 6 天日均温高于 18 ℃的天气,日均温最高达 22.4 ℃,全县有三分之一的龙眼树出现不同程度的冲梢,发生灾害的果树减产 50%以上。

(2)高温冲梢的防御对策

泸县作为龙眼种植的最北缘地带,高温冲梢发生的频率较低,果农对高温冲梢灾害防御意识淡薄,但随着全球变暖,近年来 3 月份频频出现连续数天高于 18℃的天气,高温冲梢对龙眼种植的影响度变大,其灾害防御也不可忽视。具体防御措施有:

a.喷施化学药剂。用 40%的乙烯利 6～8 毫升加水 15 千克喷梢,可减少小叶生长,促进花芽分化。

b.人工摘叶。人工摘除刚展开的嫩叶,减少养分消耗,防止"冲梢"。

7.3.8　干旱对泸县龙眼的影响及防御对策

(1)干旱对龙眼的影响分析

龙眼旱灾是指由于果树得不到正常水分供给,影响正常开花结果导致减产的一种气象灾害。龙眼树根系较为发达,一般不容易发生旱灾,树龄越长发生旱灾的概率就越低。泸县龙眼遭受的干旱多为伏旱,特别是夏伏连旱,其影响主要表现为落果和阻止果实膨大;严重的春旱也将造成减产,尤其是发生在开花期,干旱让空气变得干燥,温度升高,花粉活力减弱,从而影响授粉。春旱还可能引发焚风,以致花粉遭受高温而死亡,从而造成减产。

按照气象干旱标准,根据 1976—2017 年的气象资料统计,泸县发生干旱的年份有 28 年,发生频率约为 67%。干旱标准有气象学标准和作物生理学标准,一般在灾情统计中都以作物生理受灾为标准计,所以虽然用气象标准统计泸县发生干旱的频率达 67%,但旱灾发生的频率要小得多。并且由于旱灾是一个慢慢发展的过程,有可预知性,只要水源充足,救灾容易,所以,即使大面积发生了灾害,绝收率也较低,其损失也不如其他灾害损失大。但干旱发生时,如果水源都受限,旱情会迅速发展,影响会快速变大。如 2006 年,泸县出现了长达 51 天的高温伏旱天气,塘库干涸,人畜饮水困难,有近 60% 的龙眼树受灾,严重的干旱造成果实脱落,果实膨大受阻,受灾果树至少减产 40%。

(2)干旱的防御对策

泸县历史上发生的春旱和夏旱都不是很严重,一般不会对龙眼造成明显影响,对龙眼产量造成明显影响的多为缺水性伏旱,其防御分为物理防御和化学防御。

a.地面覆盖:用秸秆、杂草、地膜对果园进行地面覆盖。干旱天空气干燥,火险等级较高,覆盖时注意用土压好覆盖物,防止风吹和火灾。

b.松土保墒:对龙眼树周围松土,目的是切断土壤毛细管,减小蒸发。同时,也可清除树周围的杂草,减少杂草生长对水分的消耗。

c.合理修剪:修剪是调整树势强弱的重要措施之一,及时抹除多余的萌芽,疏剪多余的枝条,并对徒长枝、旺长枝进行短截、摘心,减少枝叶数量,以减少水分蒸腾量。

d.减少负载:果实内水分含量较高,对长势较弱的树,应适当减少负载,可减少果实对水分的需求量,相应地增加供给树体生长的水分量。同时,适当减少负载,还可增加树体的营养储存,提高树体的抗旱能力。

e. 改良土壤：在墒情较差的情况下施用土壤改良剂、土壤保水剂、土壤蒸发抑制剂等来逐渐增强土壤的保肥保水能力。

f. 降低蒸腾：在枝条生长旺期,可喷用多效唑等植物生长延缓剂,抑制枝叶的快速生长。既可降低水分的蒸腾量,又可使树体生长健壮,提高其抗旱能力。此外,在叶面喷施蒸腾抑制剂也可有效降低叶片水分的散失。

7.4 泸县龙眼种植区划

7.4.1 数据来源

本区划的数据包括泸州、内江、自贡、宜宾、资阳五个市州 39 个地面气象观测站 1981—2010 年的逐日光、温、水等气象资料以及龙眼产量数据。

7.4.2 区划指标

本区划以龙眼生产的优质、高产、高效为目的,收集泸县周边 39 个县市的龙眼产量数据、气象数据和经纬度、海拔高度等 DEM 数据。根据有关文献和田间试验,低温冻害对龙眼种植影响较大,因此选取 1 月平均气温、年平均气温及年极端最低气温作为温度指标;光、温、水农业气象条件是农作物正常生长的基本条件,故另选择年日照时数、年降雨量和年≥10 ℃的积温作为区划指标,详见表 7-1。

表 7-1　龙眼气候区划指标

分区	年平均气温（℃）	年降雨量（毫米）	年日照时数（小时）	≥10 ℃积温（摄氏度·日）	一月平均气温（℃）	最低气温（℃）
适宜区	≥17.8	≥1080	≥1060	≥6000	≥7.5	≥0.5
次适宜区	17.3~17.8	1050~1080		5900~6000	7.0~7.5	0~0.5
基本适宜区	16.8~17.3	1000~1050		5800~5900		-0.5~0
不适宜区	<16.8	<1000	<1060	<5800	<7.0	<-0.5

7.4.3 气象要素分布

根据上述区划指标,利用泸县及周边气象站观测资料建立各区划指标的小网格推算模型,如式 7-1。

$$X = f(i,j,h) + \varepsilon \tag{7-1}$$

式中,X 表示区划指标(如年降雨量等),i,j,h 分别表示经度、纬度和海拔高度,ε 为残差项,是实际观测值和模型推算值的差。

采用多元线性回归法建立推算模型,各区划指标的小网格推算模型表达式如表 7-2 所示。利用 GIS 软件,采用表 7-2 的气候要素小网格推算模型,基于 1:250000 地理信息资料将各指标要素按 80 米×80 米×3 米分辨率展开,再利用先进的地理信息分析技术,制作多层次平面区划图,根据区划指标将泸县优质龙眼种植划分为适宜区、次适宜区及基本适宜区。

表 7-2 区划指标小网格推算模型

区划指标 X_i	推算模型
年平均气温 X_1	$X_1 = -0.004h + 0.047i - 0.321j + 23.353$
年降雨量 X_2	$X_2 = -0.375h - 26.790i + 48.771j + 2601.745$
年日照时数 X_3	$X_3 = -0.002h + 55.777i - 6.560j - 4618.128$
≥10 ℃积温 X_4	$X_4 = -1.530h + 4.349i - 49.625j + 7224.953$
最低气温 X_5	$X_5 = -0.008h - 0.277i - 0.741j + 51.102$
1 月平均气温 X_6	$X_6 = -0.003h - 0.056i - 0.604j + 31.958$

从泸县年平均气温分布图 7-1 可见,泸县大部地区年平均气温在 16.8～17.8 ℃。从空间分布上看,呈现海拔低的区域温度高,海拔高的区域温度低的分布特点。温度条件最好的区域主要集中在海拔相对较低的海潮镇、牛滩镇、潮河镇西南部、福集镇南部、得胜镇的部分地方及奇峰镇北部、百和镇东南部、太伏镇南部和兆雅镇局部区域,这些地区年平均气温在 17.8 ℃以上;玉蟾山脉和龙贯山岭区域大部气温低于 17.3 ℃,温度条件相对较差;泸县其余大部地区气温介于 17.3～17.8 ℃。

从泸县 1 月平均气温分布图 7-2 来看,泸县 1 月平均气温大部超过 7 ℃。从空间分布看,海拔较低处 1 月平均气温相对较高,海拔较高处平均气温相对较低。1 月平均气温相对较高区域主要集中在百和镇、太伏镇和兆雅镇局部区域以及福集镇东部、天兴镇东部、潮河镇、牛滩镇、海潮镇、云龙镇南部、得胜镇南部、嘉明镇南部、奇峰镇西北部地区,大部地区 1 月平均气温保持在 7.5 ℃以上;气温相对较低的区域主要集中在毗卢镇、石桥镇、方洞镇、喻寺镇和福集镇局部区域,1 月平均气温不足 7 ℃;其余大部区域值在 7～7.5 ℃。

从泸县年总降水量分布图 7-3 来看,年降水量大部在 1050 毫米以上。降水量相对较多区域主要集中在方洞镇、喻寺镇、奇峰镇北部、得胜镇北部、福集镇、嘉明镇、牛滩镇、海潮镇、潮河镇区域,年降水量≥1080 毫米;降水量相对较少区域主要集中在玉蟾和龙贯山岭地区、毗卢镇、云锦镇、立石镇和太伏镇部分地方,不足 1050 毫米;县内其余大部区域,年降水量为 1050～1080 毫米。

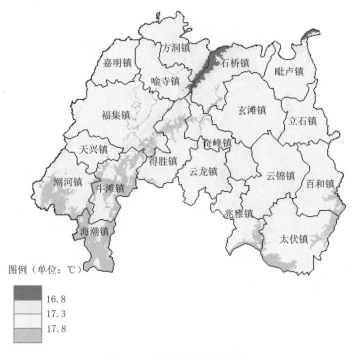

图例（单位：℃）

16.8
17.3
17.8

图 7-1　年平均气温分布图

图例（单位：℃）

7.0
7.5

图 7-2　一月平均气温分布图

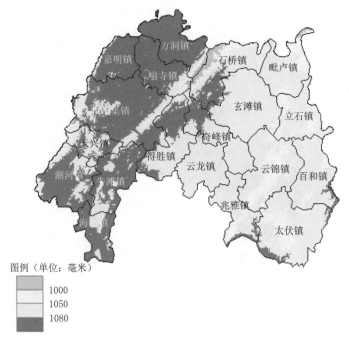

图例（单位：毫米）

1000
1050
1080

图 7-3　年总降水量分布图

从泸县年最低气温分布图 7-4 来看,最低气温在 0 ℃以下的地区分布在方洞镇、石桥镇、毗卢镇、立石镇、玄滩镇、云锦镇大部以及喻寺镇部分地方,其中玉蟾和龙贯山区域年最低气温低于−0.5 ℃;县境内其余大部最低气温介于 0～0.5 ℃。

从泸县≥10 ℃的积温分布图 7-5 可见,泸县≥10 ℃积温和年平均气温分布较为一致,大部地方在 5600～5800 摄氏度·日。从空间分布上看,呈现海拔低的区域积温高,海拔高的区域积温低的分布特点。积温条件最好区域主要集中在海潮镇、牛滩镇、潮河镇、福集镇东部、奇峰镇北部、得胜镇北部、百和镇东部、太伏镇南部以及兆雅镇局部区域,≥10 ℃的积温在 5800 摄氏度·日以上;≥10 ℃积温条件相对较差区域集中在毗卢镇、石桥镇北部、玄滩镇、立石镇、云锦镇、太伏镇北部及兆雅镇局部地区,介于 5600～5700 摄氏度·日;积温条件最差的地区集中在玉蟾和龙贯山岭地区,大部低于 5600 摄氏度·日;县内其余区域≥10 ℃积温大部分值在 5700～5800 摄氏度·日。

从泸县年日照时数分布图 7-6 来看,大部地方日照时数在 1000 小时以上,基本满足龙眼生长对日照的下限要求。毗卢镇、立石镇、百和镇、太伏镇、云锦镇东部一带日照条件最好,年日照时数在 1081 小时以上;石桥镇、玄滩镇、云锦镇西部、兆雅镇、云龙镇东部、奇峰镇东部次之,介于 1074～1081 小时;泸县西部大部地区日照时数低于 1074 小时。

图 7-4　年最低气温分布图

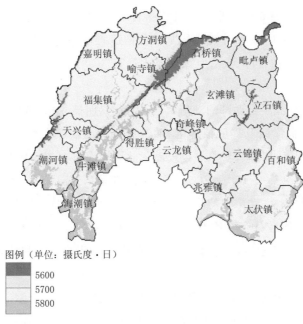

图 7-5　≥10 ℃的积温分布图

图 7-6　年日照时数分布图

7.4.4　龙眼种植区划

根据上述得到的 6 个农业气候区划指标因子,基于专家打分法,在 GIS 平台上根据指标阈值叠加,最后得到泸县龙眼种植适宜性综合区划图,如图 7-7 所示,龙眼种植可以分为适宜区、次适宜区和基本适宜区 3 个区域。

适宜区

此区域主要包括泸县西部的潮河镇、天兴镇、嘉明镇、喻寺镇南部、石桥镇南部、牛滩镇、海潮镇、福集镇及得胜镇地区,泸县南部的太伏镇大部、兆雅镇大部、百和镇、奇峰镇、云龙镇一带适宜性水平也较高。此区域海拔在 350 米以下,部分区域年平均气温超过 17.8 ℃,1 月均温在 7.5 ℃以上,年最低气温在 0 ℃以上,温和的温度条件利于龙眼越冬;年≥10 ℃的积温超过 5900 摄氏度・日,年降水量大部在 1000 毫米以上,年日照时数分布不均但能满足龙眼生长要求。从整体上看,此区域全年的光温水条件都比较适宜龙眼生育生长,龙眼种植比例高,产量和品质均较高。

次适宜区

此区域主要分布在喻寺镇北部、方洞镇、石桥镇东部、毗卢镇大部、立石镇、玄滩镇、云锦镇大部、太伏镇西北部及百和镇北部一带。上述区域海拔较高,大部分为 350～420 米,年平均气温为 17.3～17.8 ℃,1 月平均气温为 7～7.5 ℃,年最低

泸县龙眼种植农业气候区划

图例

■ 适宜区
□ 次适宜区
▨ 基本适宜区

图 7-7　泸县龙眼种植适宜性综合区划图

气温为 −0.5～0 ℃,温度水平次于最适宜区,但热量条件基本满足形成高品质龙眼的需求;年≥10 ℃的积温超过 5600 摄氏度·日,年降雨量大部在 1050～1080 毫米,年日照时数大部超过 1074 小时,光温水条件为龙眼正常生长提供了良好的气候环境。

基本适宜区

基本适宜区域集中分布于龙贯山脉和玉蟾山脉的山区一带。此区域由于高海拔造成的温度偏低、积温和日照不足是制约该区域开展龙眼生产的关键气候因子,不仅不利于龙眼越冬,也对龙眼产量及质量造成很大的危害。

7.4.5　优质龙眼生产对策建议

(1)适宜区的降水条件及热量条件优越,日照条件良好,但范围较小。因此,该区域应视实际情况,科学做好种植结构调整,力争做到确保粮食安全前提下,兼顾优质特色农业的发展。该区龙眼生产应往优质、精品方向发展,降低往高产方向发展的投入。

(2)泸县龙眼种植农业气候次适宜区在泸县分布范围较广,而热量条件不足是影响优质龙眼种植的主要气象因素。因此,该区域应做好龙眼的防寒保暖措施,以提高龙眼品质。

第 8 章 ▶▶▶

气象灾害对相关行业的
影响及其防御措施

8.1 气象灾害与交通运输

近年来,我国极端天气频发,如高温、干旱、强降水、暴雪、冰冻、强热带风暴、雷暴等,而由其导致的洪水、滑坡、泥石流、雪崩等气象灾害对公路、铁路、航海和航空的正常运行造成极大的影响,对交通运输设备、设施造成不同程度的损坏。一个不争的事实是交通运输业在面临着日益频繁的气象灾害的威胁,运输环境也变得越来越差,尤其在人口稠密的地区。

8.1.1 主要影响

气象灾害对交通运输的影响是全球面临的挑战。恶劣的气候降低了交通运输能力,增加了交通安全隐患,甚至形成灾害。在众多影响我国交通安全的因素中,影响最大的是强降水;其特点是范围广、时间长、损失大。1963 年海河流域暴雨洪水,导致京广、石德、石太铁路被洪水冲毁 822 处,行车中断 2108 小时,公路被淹没 6700 千米,桥梁被冲毁 112 座。气候变化引发极端天气,亦容易造成大范围暴雪。2008 年初,历史罕见的低温雨雪冰冻极端灾害天气给交通运输造成了巨大影响,部分地区交通运输全面瘫痪,最严重时 21 条国道近 4 万千米路段通行不畅,上万车辆和人员被困。强热带风暴是严重影响交通运输的另一个重要因素。我国南方地区每年都不同程度地受到强热带风暴的影响,造成交通拥堵甚至中断。

2005 年 8 月,强台风"麦莎"横扫中国东部地区,给沿途交通运输造成巨大损失,船舶停航,机场封闭,交通设施损失严重。近年来,气候变化使得气温不断升高,尤其是地表温度;高温天气影响驾驶员的正常驾驶,再加上酷热条件下车辆部件容易受损,因此极易引发交通事故。另外,高温天气也给人们正常出行带来许多不利影响。

具体来说气象对交通运输设施的影响主要表现在以下几个方面。

(1)不断增加的高温天气。高温天气主要影响交通运输设备和地面设施。例如,极端长期高温天气会导致车辆过热和轮胎老化、导致铁路轨道变形和路面过度热膨胀;对于空中运输来说,有可能会引起航班延误。而随着气候变暖,全球大多数地区极端高温天气将变得更频繁、更持久。

(2)干旱季节的增加。气候变暖打破了原有的地表平衡系统,导致部分地区干旱季节增加。由于干旱季节的增加,使得野外火灾发生率增加,尤其是大面积的森林大火,直接威胁了交通运输设备的正常运行和交通基础设施安全,甚至导致道路封闭。同时,长期的干旱可能打乱原有的交通运输体系。例如,干旱可能导致河流水位下降,限制了沿河航道的运输,影响到一体化的交通运输。

(3)强降水的增加。气候变化会对降水的分布产生影响。强降水会影响到公路、铁路和航空的正常运行,导致交通延误,甚至产生交通中断,一些地面设施和交通运输设备会受到极大的破坏。对于公路和铁路来说,暴雨天气会带来山体滑坡、泥石流等,造成公路或铁路的塌方。对于航空运输来说,由强降水引起的洪水对跑道和其他设施造成破坏。

(4)热带风暴的增加。热带风暴的增加使得公路、铁路、航海和航空运输中断更频繁,使得大量的基础设施发生故障,对桥面的稳定威胁不断增加,尤其是对一些设施的损坏,例如,终端、导航设备、周围边界、标志。大风吹倒公路的树木,容易导致交通拥堵。同时,热带风暴会影响到人们的正常出行,严重威胁到人民生命财产安全。

(5)其他灾害性天气。降雪使铁轨湿滑,较大的降雪可能造成交通中断,货运堵塞,客运受阻,致使旅客滞留。另外,各种车辆与路面之间的摩擦系数、空气的能见度和驾驶员的心理等也会随着天气条件的改变而明显变化。在道路交通中,大雪、路面结冰和冻雨会大大降低车辆与路面之间的摩擦系数,浓雾使得空气的能见度降低;这些条件下,驾驶员容易产生失误,不能很好地控制车辆,极易产生交通事故。

8.1.2 防御措施

应对气象灾害对交通运输产生的影响,应在交通运输的规划、设计、建造、运行以及维护等方面充分考虑气象因素带来的影响。主要包括以下几方面。

(1)针对持续出现的高温天气。一方面,建筑部门需要开发和使用新型的耐热铺路材料,铁路建设中更多地使用无缝铁轨,一些建立在高温环境下的机场需要适当延长跑道。另一方面,为了减少高温天气对人们出行的影响,需要准确及时地掌握天气气候变化信息。采用科学的方法对检测到的相关信息进行分析,及时向管理者和使用者发布信息,为采取相应的防范措施提供有效的依据。

(2)面对不断增加的强降水事件,需要加强对防洪设施和排水系统的建设,加强对洪水水位的实时监控,制定切实可行的紧急疏散程序,保护重要的疏散通道,改善道路排水系统及涵洞泄洪能力,限制洪泛区的发展。同时,做好日常维护和巡查,及时发现并排除隐患,特别是恶劣气候多发的季节,要增加巡查检修次数。对重点地区进行气象灾害的重点防范,对于铁路运输尤为重要。暴雨季节,对于容易产生塌方的地段或是桥梁、涵洞,要加强巡查,发现问题及时通报,并及时采取相应措施。

(3)针对热带风暴的增加,需要增强对风暴着陆点和轨迹的预测能力,加强对道路情况的监控,并及时发布实时信息;发展模块化交通和道路标志系统以方便更换,加固相关交通基础设施,提高堤坝。必要的安全设施是安全畅通的保证,目前在用的安全设施主要有电子可变情报板、警示桩、临时性的告示牌等。为了在恶劣的气候条件下,能将上述载体的信息及时告知过往的车辆和行人,需要进一步完善一些现有设施。

(4)应对可能产生的其他气象灾害,制定符合实际情况且具有可操作性的应急预案,根据天气情况启动相应的应急措施。在综合分析各种影响因素的基础上,提出决策优化的管理思路。同时,需要建立快速有效的反应体系,以进行灾后的救援工作、医疗卫生工作、灾民的安置等。

8.2 气象灾害与电力能源

电力行业作为关系我国经济发展和人民生活的关键性行业,频繁遭受各种气象灾害的威胁,引发各种电力事故。加强各种气象灾害的监测和预警,以预防和减轻对电力行业的影响刻不容缓。

8.2.1　主要影响

随着全球气候变暖,我国近年来部分地区气候异常,极端天气气候事件频发,气象灾害多发。气象灾害给经济建设和社会发展造成巨大损失,也给电力系统带来极大危害。气温、雷电、暴雨、冰冻、风、湿度、积雪、大雾、小雨等与电力负荷合理调度及电力线路设施安全有极大的关系。

(1)气象对电力负荷的影响

电力负荷与天气关系密切。用电量除了与季节、时间和各种用户活动有关以外,还与最高气温、最低气温、天气状况等气象条件密切相关。

最高气温与电力负荷有明显的正相关关系,高温灾害天气会造成电力负荷大幅度增加,使电力供给不堪重负。另外,在阴天和有雨等能见度极差的天气条件下,照明用电量也会急增,而晴天和多云的状况下用电量相对较低。据统计,湿度较大(大于80%)时,用电量较高;湿度较小(小于51%)时,用电量较小。雨量对电力供应也有影响,在多雨的季节,灌溉用电量就明显减少。季节性、持续性的干旱可造成水电发电量呈负增长状态,由于电力负荷加大,水电发电量供应不足,容易造成电力供求紧张,从而出现不同程度的拉闸限电现象,影响人们正常的工作和生活。

(2)气象灾害对电力线路设施的危害

据不完全统计,我国每年因雷电灾害造成的人员伤亡上千人,财产损失上百亿元。所以,雷电灾害严重威胁着我国的社会公共安全和人民生命财产安全。

落雷时,在直接击中的导线上产生过电压(称直击雷),同时在导线附近也产生过电压(感应雷)和干扰电磁场,极高的电压会造成电力设备、用户电器设备的毁坏;雷电干扰磁场也会沿各种电缆,如电源线、通信线路窜入设备,造成危害,尤以电力(电源)线的窜入更为突出。另外,瞬间大风及急雨常常造成输电线振动、横向碰击和线架的物体倒断;电线积冰会增加导线和杆塔的荷载,扩大线路受风面积,使得电线极易产生不稳定的驰振,常造成跳头、扭转、断线、停电等严重电力事故。近年来的冰冻灾害造成一些省份电网遭遇历史上最严重覆冰,供电设施倒塌,电缆断裂,对电力运行造成灾难性影响,造成大面积停电停水事故,对人们的工作和生活造成了巨大的影响。

8.2.2　防御措施

电力部门在规划设计、电源布局、电网运行等方面都应多加总结经验,以提高未来电网的稳定水平和抗击灾害的能力。由于全面提高输电线路的设计标准成本可能过高,因此建议针对一些关键性的骨干线路,巡视维修条件特别艰苦、气象条件特别复杂的高山湖泊线路,可提高设计标准以增加抗灾能力;一般线路可通过增加应急措施来提高抗灾水平。此外,要多加学习、引进国外的先进技术,深入研究多种技术手段以及电网融冰等技术。

气象部门和电力部门有着紧密的合作关系,气象部门今后更应加强对中长期气候演变特征的预测,加强对中短期灾害性天气的监测、预报和预警,及时准确地将信息传递到电力部门。

在电网设计改造施工过程中,气象部门应准确提供沿线的小气候资料,有助于确定线路和杆塔的设计标准和施工要求。在气象预警项目上,建议增加对电网设备的预警,以提高其决策反应速度。另外,政府部门还应建立并完善气象灾害防御应急服务体系,全力应对各种气象灾害,努力降低气象灾害对国民经济和人民生活的不利影响。

8.3　气象灾害与旅游业

旅游业是严重依赖自然环境和气象条件的产业,气象条件是影响旅游安全和旅游质量的重要因素。一方面,适宜的气象条件是旅游气候景观形成和一些专项旅游活动开展的必要条件,是游客安排假期出行的先决条件;另一方面,气象灾害直接影响旅游资源和旅游基础设施的赋存状况、旅游者的出游决策以及游客人身财产安全。

8.3.1　主要影响

气象因素对旅游自然景观和人文景观都有较大的影响。无论是山岳风光、河湖泉瀑、生物植物,还是风沙戈壁、山地高原等旅游自然景观都无法避免气象灾害的损坏。干旱、冰雹、大雾、低温、霜冻、雪灾、暴雨、热害等都易破坏自然作物、草原、森林景观以及旅游设施,甚至造成人员伤亡,其对旅游景观的破坏尤为严重。暴雨天气常造成山洪突发、江河横溢、景点设施被毁,还会引发泥石流、滑坡、水资源污染等次生灾害,破坏旅游生态环境。在我国,约有 2/3 的国土面积存在着被不同程度和不同类型的洪涝灾害影响的现象。

旅游前,人们首先会收集各旅游地的信息,根据自己的主观偏好做出旅游决定,此过程被称为旅游决策行为,而天气气候将影响旅游者的出行决策行为,旅游者在选择旅游地时会受到感知环境的影响,若某一旅游地经常发生气象灾害,人们就会对该旅游地的环境形成较差的印象。例如,2007 年,云南省迪庆藏族自治州德钦县的梅里雪山发生了严重的雪崩事故,7 人受伤,1 人死亡,这使得很多原本以该景区为目的的游客改变了行程。

同时,气象灾害对旅游交通也有着很大影响。现代旅游业的产生和发展与交通业密切相连,旅游交通的便利程度不仅是开发旅游资源和建设旅游地的必要条件,也是衡量旅游业发达程度的重要标志。在航空旅游交通中,与跑道方向垂直的强大侧向风将使飞机在起降时滑出跑道,大雾天气会使飞机无法起降;铁路旅游交通中,暴雨会造成水灾,阻断交通,狂风使汽车无法前进,浓雾致使高速公路关闭;水路旅游交通也会受到飓风和大雾天气的影响。

8.3.2　防御措施

在旅游气象灾害发生之前,捕捉、监控各种细微的气象迹象变动,有利于预防灾害发生或为采取适当应对措施争取时间。而灾害预警对于预防或识别重大灾害风险事件尤为重要,因此,各旅游地应依据灾害风险的类别、风险系数大小等,选择性地进行重点监控,以取得事半功倍的效果。

全面调查地区的主要旅游气象灾害,分析各旅游气象灾害的活动强度、频次、危害程度以及风险程度,建立旅游灾害灾情统计指标体系和评价方法,把旅游气象灾害纳入社会调查统计系列,在此基础上,了解各旅游地在各种条件下可能发生的最大气象灾害,以确定可供采取的对策和减灾措施。扩大城市绿化覆盖率,减少温室气体的排放,增加城区喷水洒水设施,增大城市下垫面对太阳辐射的反射能力,减少大气中烟尘和城市建设中粉尘的排放,采用人工消雾等措施减少浓雾灾害,绿化造林以减少水土流,对旅游者进行旅游灾害意识宣传教育,以提高旅游者的安全意识和自救能力。除了积极防御之外,对罕见的旅游气象灾害还应加以充分利用,可将其作为一种新型的旅游资源进行开发,以便推动旅游业的持续发展。

第 9 章

泸县气象灾害防御管理

9.1 组织体系

9.1.1 组织机构

气象灾害防御工作涉及社会的各方面,需要各部门通力合作,成立在县政府领导下,各相关部门为主要成员的县气象灾害防御领导小组,负责气象灾害防御管理的日常工作。各乡镇(街道)按"八有标准"组建气象服务中心,各村(社区)建立气象服务站,明确乡镇分管领导、乡镇气象协理员、村气象服务站站长、村民小组气象服务责任人、村组气象信息员,把气象灾害防御的各项任务落到实处。

9.1.2 工作机制

建立健全"政府主导、部门联动、分级负责、全民参与"的气象灾害防御工作机制。加强领导和组织协调,层层落实"责任到人、纵向到底、横向到边"的气象防灾减灾责任制。加强部门和乡镇分灾种专项气象灾害应急预案的编制管理工作,并组织开展经常性的预案演练,气象局与农业局、国土局、水务局、广播电视台、交通局、林业局、应急办、民政局等部门加强合作,健全"部门、乡镇(街道)、村(社区)、户"四级信息互通机制,完善气象灾害应急响应的管理、组织和协调机制,提高气象灾害应急处置能力。制定切实可行的工作计划(方案)与相应保障措施,落实综合管理。

9.1.3 队伍建设

加强各类气象灾害防范应对专家队伍、乡镇气象协理员队伍和村组气象信息员队伍的建设。在乡镇设置乡镇气象协理员职位,明确乡镇气象协理员任职条件和主要任务;在每个行政村(社区)、村民小组组建气象信息员队伍,明确每个村民小组组长为气象服务责任人;不断优化完善乡镇、村气象信息员队伍考核评价管理制度。

气象协理员主要任职条件:具有较好的思想政治素质、较强的责任心和协作精神,能积极主动配合气象部门的组织管理工作;具备履行职责的基本知识和身体素质,了解本辖区内可能发生的各类气象灾害和气象灾害防御的重点区域,熟练掌握各类防灾避险和自救措施;协理员由专人或兼职人员担任;按照"条件明确、单位推荐、本人自愿"的原则挑选,由气象部门对其进行集中培训和考核。

气象协理员主要职责:负责气象灾害预报与警报的接收和传播,并根据当地实际,采取相应的防灾减灾措施,协助当地政府和有关部门做好气象防灾避险、自救、互救工作;负责气象灾害信息收集与上报,并协助上级气象部门人员赴现场进行灾害情况调查、评估和鉴定。及时将辖区内发生的气象灾害、次生气象灾害及其他突发公共事件上报气象部门;负责辖区内有关气象设施的维护和管理;负责对行政村、社区、学校等单位的气象服务站站长、气象服务责任人的组织管理。

气象信息员主要任职条件:具有较好的思想政治素质,能够吃苦耐劳,有较强的责任心,具备一定的组织管理能力,有较好的协作精神,能够积极主动配合县气象局的组织管理工作;具备能履行职责的基本知识和身体素质,比较熟悉可能发生的各类灾害性天气和气象灾害防御的重点区域;具备可与县气象局沟通的固定联系方式,如手机、传真电话、电子邮箱等。

信息员的职责:及时的气象预警信息,包括信息的发布、更改、撤销等;参加气象部门举办的气象灾害预警信号识别与防御指引、气象灾害调查方法及其他相关技能知识的培训。

9.2 气象灾害防御制度

9.2.1 风险评估制度

风险评估是指在风险事件发生之前或之后(但还没有结束),该事件给人们的生活、生命、财产等各个方面造成的影响和损失的可能性进行量化评估的工作。

气象风险评估就是对面临的气象灾害威胁、防御中存在的弱点、气象灾害造成的影响以及三者综合作用而带来风险的可能性进行评估。建立城乡规划、重大工程建设的气象灾害风险评估制度。建立相应的强制性建设标准，将气象灾害风险评估纳入地方政府规划和工程建设项目行政审批内容。确保在规划编制工作和工程立项中充分考虑气象灾害的风险性，避免和减少气象灾害的影响，市气象局组织开展本地区气象灾害风险评估，为市政府经济发展布局和编制气象灾害防御方案、应急预案提供依据，同时指导县（区）开展属地气象灾害风险评估等。

气象风险评估的主要任务是识别和确定面临的气象灾害风险，评估风险强度和概率以及可能带来的负面影响和影响程度，确定受影响地区承受风险的能力，确定风险消减和控制的优先程度和等级，推荐降低和消减风险的相关对策。

9.2.2 部门联动制度

完善减灾管理行政体系，出台明确的部门联动相关规定与制度，提高各部门联动的执行意识和积极性。针对气象灾害、安全事故、公共卫生、社会治安等公共安全问题的划分，进一步完善政府与各部门在减灾工作中的职能与责权的划分，加强对突发公共事件预警信息发布平台的应用，做到分工协作，整体提高，强化信息与资源共享，加强联动处置，完善防灾减灾综合管理能力。

9.2.3 应急准备认证制度

气象灾害应急准备工作认证，是对县（区）、气象灾害重点防御区域（单位）、企事业单位、农业种植大户等的气象防灾减灾基础设施和组织体系进行评定，以此促进气象灾害认证准备工作的落实，提高气象灾害预警信息的接收、分发、应用能力和气象灾害的监测、报告、应对能力，从而确保重大气象灾害发生时，能够有效保护人民群众的生命财产安全。为有效促进和提高基层单位的气象灾害发生时，能够有效保护人民群众和生命财产安全。为有效促进和提高基层单位的气象灾害应急准备工作和主动防御能力，推动全社会防灾减灾体系建设。

9.2.4 目击报告制度

建立目击报告制度，使正在发生或者已经发生的气象灾害和灾情有及时详细的了解，从而提高气象灾害的防御能力。各县区气象局（站）以及气象信息助理员、信息员应及时收集上报辖区内发生的灾害性天气、气象灾害、气象次生灾害及其他突发公共事件信息,并协助气象等部门进行灾情调查、评估与鉴定。鼓励社会公众第一时间向气象部门上报目击信息,对目击报告人员给予一定奖励。建立目击报告奖励制度,鼓励事故发生后,目击者能够以最快方式,将事故的简要情况向气象部门、事故发生地的市、县级人民政府有关单位报告。事故发生地气象部门接到报告后,应立即向上级气象主管部门和同级人民政府报告,并积极将事故事实通报给有关媒体和公众。气象部门在获知事故发生后,在 3 小时内进行报告,并尽快展开相关调查取证工作;24 小时内写出书面材料进行初报告,按程序和部门逐级上报;72 小时内将详细情况进行整理上报。书面报告的内容一般包括事故发生的时间,地点;简要经过,伤亡人数和直接经济损失的初步估计;事故发生原因的初步判断;采取的措施及事故控制情况;报告人详细信息、伤亡人员详细信息、财产损失详细信息等。

9.2.5　气候可行性论证制度

为避免或减轻规划建设项目实施后可能受气象灾害、气候变化的影响,及其可能对局地气候产生的影响,依据国家《气候可行性论证管理办法》,建立气候可行性论证制度,开展规划与建设项目气候适宜性、风险性以及可能对局地气候产生影响的评估,编制气候可行性论证报告,并将论证报告纳入规划或建设项目可行性研究报告的审查内容。

9.2.6　气象灾害应急预案和调查评估制度

泸县气象灾害应急预案见附录 A。泸县气象灾害调查评估制度见附录 B。

9.3　气象灾害防御教育与培训

9.3.1　气象科普宣传教育

广泛开展中小学气象科普实践教育活动,让气象科普活动常进校园。县、乡镇、村(社区)要制定气象科普工作长远计划和年度实施方案,并按方案组织实施,把气象科普工作纳入经济和社会发展总体规划。各级领导班子要重视气象科普工作,乡镇(街道)、村(社区)要有科普工作分管领导,并有专人负责日常气象科普工作。气象科普队伍要经常向群众宣传气象科普知识,每年结合农时季节,组织不少于两次面向村民的气象科普培训或科普宣传活动。

9.3.2　气象灾害防御培训

实施气象灾害防御培训工程,广泛开展全社会气象灾害防御知识的宣传,增强人民群众的气象灾害防御能力。加强全社会的气象灾害防御知识的宣传,加强对农民、中小学生等防灾减灾知识和防灾技能的宣传教育,提高全社会灾害防御意识和正确使用气象信息及自救互救能力。

把气象协理员和气象信息员队伍气象防灾减灾知识纳入培训体系。气象协理员和气象信息员是气象部门的"耳目",肩负着协助气象部门管理本辖区内的气象信息传播、气象灾害防御、气象灾害和灾情调查报告、气象基础设施维护等工作。对气象协理员和气象信息员队伍进行系统和专业的培训是十分必要的。把气象协理员和气象信息员队伍气象防灾减灾知识学习纳入培训体系,可以更好地利用现有社会资源,在节省大量的人力、物力的同时,尽可能使得培训常态化、规模化、系统化,为气象协理员队伍的健康发展奠定坚实的基础。

第 **10** 章 ▶▶▶

加强泸县气象灾害服务能力建设

10.1 气象监测预警系统建设

10.1.1 天气气候监测网

为满足泸县中小尺度灾害性天气系统监测和服务社会经济发展需求,在充分评估现有气象观测能力的基础上,依据泸县区域观测站网布局要求,统筹设计城乡气象观测系统的规模和布局,积极争取气象观测设施建设纳入城乡整体发展规划,对泸县现有地面气象观测站进行站网优化,在资料稀疏区、灾害多发区、天气关键区和服务重点区等地方建设无人自动气象站。

10.1.2 预报预警系统

气象灾害预报预警作为应急响应体系的重要组成部分,必须首先做到预报准确、发布及时,才能切实增强泸县灾害应急处理能力,进而显著提高政府防灾减灾的社会效益。为了更好地提升泸县气象建设的现代化程度,从泸县气象防灾减灾需求出发,提高短期、短时预报的准确度,逐步推进泸县气象预报预警系统的建设具备十分重要的意义,它将极大的提升泸县气象部门的业务技术水平和社会服务功效。

(1)精细化预报产品的制作

应用各类实时观测资料,消化吸收完善现有的上级部门下发的数值预报产品,建立起一个适合泸县地区的中小尺度气象精细预报业务系统。应用各种实时观测资料,对上级台站的预报进行小空间尺度的订正,提高气象灾害精细化预报预警质量,实行从灾害性天气预报向气象灾害预报的转变,为县政府决策部门和公众提供更加准确、精细的气象预报产品和更加个性化的气象服务,以满足现代化社会日益增长的气象专业服务需求。

(2)气象灾害评估业务系统

在实现精细化预报产品制作的基础上,利用暴雨、干旱、霜冻等灾害评估的相关方法与技术,结合泸县本地实际情况,建立科学合理、切实可行的灾害天气对农业建设的破坏性分析预测、灾害天气对农村合作社及各类公益设施的破坏性分析预测等。

10.1.3 专业气象监测预警

农业:着力加强重大农业气象灾害的预报与预警。开展不同时效的重大农业气象灾害发生时间、影响范围、危害程度等预测预报,并及时发布重大农业气象灾害预测预报产品;健全农业气象灾害预警发布机制,根据预警标准,及时发布农业气象灾害预警信息。配备农业气象观测设备,开展干旱、暴雨、霜冻等主要农业气象灾害的应急调查及农作物长势、种植面积、播种、收获进度、土地利用动态等观测,提高农业气象观测及应急服务能力。

林业:与林业部门合作,开展森林火险等级及有害生物的监测预报,探索各季节主要气候灾害与极端天气气候事件(暖冬、倒春寒、高温干旱、洪涝等)对林业有害生物发生规律的影响,着重加强森林火险气象等级预报预警。

交通:与交通部门共建交通气象观测系统的合作模式,并将其逐步纳入到各类交通设施建设的总体规划和工程项目中,建立设施共建、资料共享的规范化机制。建立高速公路气象观测系统,实现大雾、大风、暴雨、高温等主要影响交通安全的气象灾害观测,有针对性地增加隆纳高速泸县段路面温度、道路结冰等观测。

电力:依托现有气象观测站网,在高温、高湿、大风、暴雨、雨雪冰冻、雷电等气象灾害易发区补充建设电力气象观测站,重点加强影响电网安全的输电线覆冰和雷电等灾害天气的监测。

10.1.4 监测预警设施建设

(1)气象与交通部门合作,在高速公路、国道等交通干线附近,进行能见度自动监测网加密建设,为交通安全提供更多服务。

(2)建立覆盖全县范围的闪电定位监测网,对雷电现象进行更好地跟踪和预警。

(3)建设城乡生态监测网,开展土壤湿度、大气温湿度等监测。

（4）加密建设常规自动气象站和多要素气象站，以适应防灾减灾和气候可行性论证等需要。

通过以上设施建设，基本建立观测内容较齐全、密度适宜、布局合理、自动化程度高的现代气象综合监测网，可满足今后一段时期气象灾害防御与现代气象业务服务的发展需要。

10.2　预警信息发布

为确保灾害性天气监测预警信息能及时传送到有关用户，逐步推进精确、及时、多手段的信息处理与发布平台的建设，通过广播电视、通信网络等现代化手段将灾害性天气预报预警信息及时向社会发布，增强社会公众抗灾能力，保障人民群众生命财产安全。

10.2.1　发布制度

气象灾害预警信息发布遵循"归口管理、统一发布、快速传播"原则。气象灾害预警信息由气象部门负责制作并按预警级别分级发布，其他任何组织、个人不得制作和向社会发布气象灾害预警信息。

10.2.2　发布内容

气象部门根据各类气象灾害的发展态势，综合评估分析确定预警级别，发布预警信号；发布中短期重要天气警报、气象信息快报等气象信息。内容包括：气象灾害的类别、预警级别、起始时间、可能影响范围、警示事项、应采取的措施和发布单位等。

预警信号分别为一般（Ⅳ级）、较重（Ⅲ级）、严重（Ⅱ级）和特别严重（Ⅰ级），分别以蓝、黄、橙、红四种颜色标注，Ⅰ级（红色）为最高级别。

10.2.3　多种灾害预警和发布途径

当同时发生两种以上气象灾害且分别达到不同预警级别时，按照各自预警级别分别预警。当同时发生两种以上气象灾害，且均没有达到预警标准，但可能或已经造成一定影响时，视情况进行预警。

通过信息共享平台、广播、电视、微信公众号、报刊、手机短信、电子显示屏等媒体及一切可能的传播手段及时向社会公众和相关部门发布气象灾害预警信息。

第 11 章 ▶▶▶

个人如何应对气象灾害

11.1 气象灾害预警信号的识别、使用和获得

11.1.1 什么是气象灾害

气象灾害是指大气运动和演变对人类生命财产和国民经济以及国防建设等造成的直接或间接损害。它是自然灾害中的原生灾害之一,一般包括天气、气候灾害和气象次生、衍生灾害。也是自然灾害中最为频繁而又严重的灾害,如台风、暴雨、暴雪、冰雹、大风、雷电、高温等。在各类自然灾害中,气象灾害占 70% 以上,我国每年受重大气象灾害影响的人口约达 4 亿人次,造成的经济损失约占国内生产总值的 1%～3%。而且,随着经济的高速发展,自然灾害造成的损失亦呈上升趋势,直接影响着社会和经济的发展。

11.1.2 气象灾害预警信号的发布

根据《中华人民共和国气象法》,2007 年 6 月 12 日中国气象局发布第 16 号令《突发气象灾害预警信号发布与传播方法》,规定发布预警信号的气象灾害分为台风、暴雨、暴雪、寒潮、大风、沙尘暴、高温、干旱、雷电、冰雹、霜冻、大雾、霾、道路结冰 14 类。根据不同的灾害特征、预警能力等,确定不同灾种的预警分级及标准。当同时出现或预报可能出现多种气象灾害时,可按照相对应的标准,同时发布多种预警信号。

预警信号发布(含更新、解除)用语应以"重点突出、简明扼要、通俗易懂"为原则,要明确描述发布台站、发布时间、灾害种类、预警信号等级、影响范围、防御提

示等。影响区域应当尽可能明确具体,必要时可用图形标出影响区域,并用文字详细说明。

国务院气象主管机构负责全国预警信号的发布、解除与传播的管理工作,地方各级气象主管机构负责本行政区域内预警信号的发布、解除与传播管理工作。其他任何组织或者个人不得发布。

11.1.3　气象灾害预警信号的识别和使用

预警信号的级别依据气象灾害可能造成的危害程度、紧急程度和发展态势一般划分为四级:Ⅳ级(一般)、Ⅲ级(较重)、Ⅱ级(严重)、1级(特别严重),依次用蓝色、黄色、橙色和红色表示,同时用中英文标识。

(1)Ⅳ级(蓝色)

预计将要发生一般(Ⅳ级)以上突发气象灾害事件,事件即将临近,事态可能会扩大。当出现这类预警信号时,开始做防灾准备。

(2)Ⅲ级(黄色)

预计将要发生较重(Ⅲ级)以上突发气象灾害事件,事件已经临近,事态有扩大的趋势。当出现这类预警信号时,积极落实防灾措施。

(3)Ⅱ级(橙色)

预计将要发生严重(Ⅱ级)以上突发气象灾害事件,事件即将发生,事态正在逐步扩大。当出现这类预警信号时,认真做好应急抢险预案启动准备。

(4)Ⅰ级(红色)

预计将要发生特别严重(Ⅰ级)以上突发气象灾害事件,事件会随时发生,事态正在不断蔓延。当出现这类预警信号时,随时准备启动应急抢险预案。

11.1.4　气象灾害预警信号的获得

(1)拨打电话"12121""96121"或向当地气象部门咨询,或通过电视、广播、报纸、互联网、手机短信等手段获得预警信息。

(2)查看预警信号电子显示装置,如警示牌、警示器、警示灯等。

(3)登录气象网站,如 www.cma.gov.cn,www.weather.com.cn 等专业气象网站。

11.2　灾前准备

灾前准备是指根据气象灾害的前兆,气象部门作出气象灾害的预报预警,相关部门有针对性地制定防灾对策,落实防灾措施。包括增强人们防灾意识和软硬件工程建设的长期性工作。

11.2.1　增强防灾心理素质

(1)面对灾害,不必过于紧张、惊恐、恐惧,要镇静。

(2)尽量放松自己,要避免所有的行为活动和话题都围绕灾害。

(3)不要对自己、家庭和外来救助失去信心。

(4)注意个人行为、言语的社会效应。

11.2.2　做好防灾物品准备

建议家庭必备下列防灾物品:清洁水、食品、常用药物、雨伞、手电筒、御寒用品和其他生活必需品、收音机、手机、绳索、适量现金。如有婴幼儿还需准备奶粉、奶瓶、尿布等婴儿用品。如有老人,要为老人准备拐杖、特需药品等。灾前还要选好避灾的安全场所。

11.2.3　重视防灾日常演习

(1)组织大众学习自救和互救知识。

(2)指导大众通过正规渠道获取预警信息,不可相信谣传。

(3)指导大众注意观察周围环境的变化,及时报告发现的异常现象。

(4)指导大众不要忘记及时切断可能导致次生灾害的电、煤气、水等灾源。

(5)与相关部门配合,制定气象灾害应急避险预案,组织防灾演习。

11.2.4　学习求救信号发出方法

在没有电话或其他通信设备的情况下,可以利用下面的方法及时发出易被察觉的求救信号,特别是在外出旅游时。

(1)光信号:白天用镜子借助阳光,向求救方向,如空中的救援飞机反射间断的光信号;夜晚用手电筒,向求救方向不间断地发射求救信号。

(2)声响信号:采取大声喊叫、吹响哨子或猛击脸盆等方法,向周围发出声响求救信号。

(3)"SOS"字母信号:在山坡上用石头、树枝或衣服等物品堆砌成"SOS"或其他求救字样,字母越大越好。

(4)烟火信号:在白天,可燃烧潮湿的植物,形成浓烟。在夜间,燃烧干柴,发出火焰求救信号。

(5)颜色信号:穿戴颜色鲜艳的衣帽,或者摇动色彩鲜艳的物品,如彩旗、用色彩鲜艳的布包裹的棒子等,向周围发出求救信号。

11.3　灾害应急避险

灾害应急避险是指在灾害发生时根据抗灾决策和措施及时采取抗灾行动。本节给出的是公众在气象灾害发生期间采取的应急避险措施。

暴雨

我国气象部门规定,24 小时降雨量达到或超过 50 毫米的降水称为暴雨。暴雨来临时,往往乌云密布,电闪雷鸣,狂风大作。

暴雨来得快,雨势猛,尤其是大范围持续性暴雨和集中的特大暴雨,不仅影响工农业生产,而且可能危害人民的生命,造成严重的经济损失。

暴雨来临前的准备工作:

如果是危旧房屋,或住宅处于低洼地势的居民,应及时转移到安全地方。应暂停室外活动,立即组织人员到高处暂避。

突发雨涝的避险要点:

(1)尽快撤到楼顶避险,立即发出求救信号。

(2)不要在下大雨时骑自行车,过马路要小心,留心积水深浅。

(3)雨天汽车在低洼处抛锚,千万不要在车中等候,立即离开车辆,到高处等待救援。

(4)不可攀爬带电的电杆、铁塔,也不要爬到泥房的房顶。

(5)如果已被洪水包围,要设法尽快与当地政府防汛部门或学校、老师、家长等取得联系,或直接拨打"110"和"119"求救电话,报告自己的确切位置和险情,积极寻求救援。

暴雪

暴雪是指大量的雪被强风卷着随风运行,并且不能判定当时是否有降雪,水平能见度小于 1 千米的天气现象。暴雪的出现往往伴随大风、降温等天气,给人们的生产生活、交通和冬季农业生产带来影响。

避险要点:

(1)注意添衣,做好防寒保暖,老、弱、病、幼人群不要外出。

(2)如是危旧房屋,遇暴风雪时,应迅速撤出。

（3）行人穿软底或防滑鞋，骑车的人可适当给车胎放些气，以增加轮胎与路面的摩擦力。

（4）路过桥下、屋檐等处时，要小心观察或绕道通行，以免因冰凌融化脱落而被砸伤。

（5）在室外，要远离广告牌、临时搭建物和老树。遇暴风雪时，应暂停室外活动。

（6）驾驶汽车时要慢速行驶并与前车保持距离。车辆拐弯前要提前减速，避免踩急刹车。有条件要安装防滑链，佩戴色镜。

寒潮

寒潮是指冬春季节，北方寒冷空气猛烈南下时急剧降温的天气现象，常伴有大风、雨或雪。

寒潮天气影响广泛，造成的灾害也比较严重和多样化，有些灾害是寒潮天气直接造成的结果，如风灾、霜冻、寒害、道路结冰和积雪等，有些是间接引发的，如低温冷害、空气质量下降等。

避险要点：

（1）当气温发生骤降时，要注意添衣保暖，特别是要注意手、脸的保暖。同时关好门窗，固紧室外搭建物。

（2）老弱病人，特别是心血管病人、哮喘病人等对气温变化敏感的人群尽量不要外出。

（3）司机要采取防滑措施，注意路况，听从指挥，慢速驾驶。

（4）高空、水上等户外作业人员应停止作业。

（5）提防煤气中毒，尤其是采用煤炉取暖的家庭更要提防。

大风

在陆地上，平均风速（2分钟或10分钟）≥13.9米/秒（风力达到7级以上），或阵风风速（风力达到8级以上）≥17.2米/秒就称为大风，8级以上的大风对航运、高空作业等威胁很大。台风、冷空气影响和强对流天气发生时均可出现大风。大风发生可吹翻船只、拔起大树、吹落果实、折断电杆、倒房翻车，还能引起沿海的风暴潮，助长火灾等。

避险要点：

（1）尽量减少外出，必须外出时少骑自行车，不要在广告牌、临时搭建物下逗留、避风。

（2）在房间里要小心关好窗户，在窗玻璃上贴上"米"字形胶布，防止玻璃破碎;远离窗口,避免强风席卷沙石击破玻璃伤人。

(3)如果在水面作业或游泳,应立刻上岸避风;船舶要听从指挥,回港避风,帆船应尽早放下船帆。如果正在开车,应驶入地下停车场或隐蔽处。

(4)农业生产设施应及时加固,成熟的作物应尽快抢收。

高温

高温是指日最高气温达 35 ℃以上的天气现象,达到或超过 37 ℃以上时称酷暑。

高温会对人们的工作、生活和身体造成不良影响,容易使人疲劳、烦躁和发怒,各类事故相对增多,甚至犯罪率也会上升,同时高温时期是脑血管病、心脏病和呼吸道等疾病的多发期,死亡率相应增高。

防范要点:

(1)收到高温预警信号后,要及时采取防暑措施。比如准备防暑降温饮料和常用防暑药品。

(2)安装的空调、电扇不能直接对着头部或身体的某一部位长时间吹,以防身体局部受寒。

(3)合理调整作息时间,避开中午高温时间作业,尤其是 10～16 时不要在烈日下外出活动。当工作需要时,加强防晒防暑保护措施,高温作业人员的工作时间要适当缩短,以保证工人有充足的休息和睡眠时间。

(4)若外出,应采取防护措施,如打遮阳伞,穿浅色衣,不要长时间在太阳下暴晒。

(5)要留意避免蚊虫咬伤、器械割伤、开水滚油烫伤等,因为高温天气下伤口极易感染。

(6)不可过度吃冷饮,不要暴饮暴食,避免肠胃不适。

(7)高温时期天干物燥,星星之火亦可燎原,所以要特别注意防火。

雷电

雷电是发生于雷暴云(积雨云)云内、云与云之间、云与地、云与空气之间的击穿放点现象,常伴有强烈的阵风和暴雨,有时还伴有冰雹和龙卷风。

遇到雷雨天气时,千万不要惊慌失措。一般来说,应掌握两条原则:一是要远离可能遭雷击的物体和场所,二是在室外时设法使自己及其随身携带的物品不要成为雷击的"爱物"。

室内避雷要点:

(1)一定要关闭好门窗,尽量远离金属门窗、金属幕墙和有电源插座的地方,不要站在阳台上。

(2)不要靠近、更不要触摸室内的任何金属管线,包括水管、暖气管、煤气管等。

(3)房屋如无防雷装置,在室内最好不要使用任何家用电器,包括电视机、收音机、计算机、有线电话、洗衣机、微波炉等,最好拔掉所有的电源插头。

(4)在雷雨天气时不要使用太阳能热水器洗澡。

室外避雷要点:

(1)在野外,特别是在旅途中,要注意收听、收看或上网查看天气预报,看云识天,判断是否会出现雷雨天气。

(2)雷电发生时,应迅速躲入有防雷装置保护的建筑物内,或者很深的山洞里面。汽车内是躲避雷击的理想地方。

(3)在旷野无法躲入有防雷装置的建筑物内时,应远离树木、电线杆、烟囱等高耸、孤立的物体。不宜在铁栅栏、金属晒衣绳、架空金属体以及铁路轨道附近停留。不宜进入无防雷装置的野外孤立的棚屋、岗亭等低矮建筑物。应远离输配电线、架空电话线缆等。尽量避开一些特别容易受到雷击的小块区域,比如岩石断层处、较大的岩体裂缝、埋藏管道的地面出口处等等。

(4)在空旷场地不要使用有金属尖端的雨伞,不要把铁锹等农具、高尔夫球棍等物品扛在肩上。在蹲下避雷时最好将身上金属物摘下,放在几米距离之外,尤其要将戴的金属框眼镜拿下来。

(5)切勿游泳或从事其他水上运动及作业,不宜进行户外球类、攀爬、骑驾等运动,尽快离开水面以及其他空旷场地,寻找有防雷装置的地方躲避。

(6)万一发生了不幸的雷击事件,同行者要及时报警求救,同时为伤员或假死者做人工呼吸和体外心脏按压。

冰雹

从强烈发展的积雨云中降落到地面的固体降水物,是圆球形或圆锥形的冰块,由透明层和不透明层相间组成。

冰雹在夏季或春夏之交最为常见,小如豆粒,大若鸡蛋、拳头,常砸坏庄稼,威胁人畜安全,是一种严重的自然灾害。

避险要点:

(1)关好门窗,妥善安置好易受冰雹大风影响的室外物品。

(2)切勿随意外出,确保老人小孩留在家中。

(3)全区幼儿园、学校的学生应安置在教室内,暂停户外活动。

(4)如在户外,不要在高楼屋檐下、烟囱、电线杆或大树底下躲避冰雹。

(5)在做好防雹准备的同时,要做好防雷电的准备。

大雾和霾

雾是悬浮在贴近地面大气中的微小水滴或冰晶,使水平能见度降低的天气现象;气象上把 500 米外的物体完全看不清的天气现象称为大雾。把大量极细微的颗粒物等均匀地浮游在空中,使水平能见度小于 1 千米,天空灰蒙蒙的现象称为霾。大雾和霾使空气不干净,有害人体健康。

避险要点:

(1)大雾和霾天气应尽量减少户外活动,尤其是一些剧烈的活动,出门时最好带上薄口罩,外出回来后应该立即清洗面部及裸露的肌肤。大雾来临时,应暂停晨练。有呼吸道疾病和心肺疾病的人尽量不要外出。

(2)行车要减速慢行,司机要小心驾驶,须打开防雾灯,与前车保持足够的制动距离。需停车时要注意先驶到外道再停车。

(3)冬季低温下出现大雾,容易诱发关节炎,因而要多穿衣服,注意防潮保暖。

(4)大雾天气容易造成一氧化碳中毒,靠室内煤炉取暖的人们要做好通风措施。

道路结冰

由于温度过低(低于 0 ℃)地面出现积雪或结冰现象。

道路结冰分为两种情况,一种是降雪后立即冻结在路面上形成道路结冰;另一种是在积雪融化后,由于气温降低而在路面形成结冰。道路结冰是交通事故的重要祸首。

避险要点

(1)司机应注意路况,采取防滑措施,小心驾驶,要减速慢行,不要猛刹车或急拐弯,一定要服从交通警察指挥疏导。

(2)行人出门要穿软底或防滑鞋,当心路滑跌倒,尽量不骑自行车。

(3)要注意防寒保暖,老、弱、病、幼人群尽量不要外出。

大气污染

由于自然因素和人为因素,特别是人为因素(如工业生产、汽车尾气、居民生活和取暖、垃圾焚烧等),使得大气中有害气体及颗粒物等污染物质的浓度达到有害程度,从而影响人们的生活、工作,危害人体健康,直接或间接地损害设备、建筑物等。人口稠密的城市和工业区域,应该特别注意控制大气污染问题。

根据环境空气质量标准和各项污染物对人体健康和生态的影响来确定污染

指数的分级,我国目前采用的空气污染指数分为五个等级,对人类的影响及其采取的措施如表 11-1。

表 11-1　空气污染指数等级表

空气污染指数	空气质量等级	空气质量	对健康的影响	建议采取的措施
0～50	一级	优	可正常活动	
51～100	二级	良		
101～150	三(1)级	轻微污染	易感人群症状有轻度加剧	心脏病和呼吸系统疾病患者应减少体力消耗和户外活动
151～200	三(2)级	轻度污染	健康人群出现刺激症状	
201～250	四(1)级	中度污染	健康人群中普遍出现症状	
251～300	四(2)级	中度重污染	心脏病和肺病患者症状显著加剧,运动耐受力降低	老人和心脏病、肺病患者应停留在室内,并减少体力活动
301～500	五级	重污染	健康人运动耐受力降低,有明显强烈症状,提前出现某些疾病	老年人和病人应当停留在室内,避免体力消耗,一般人群应尽量减少户外活动

避险要点:

(1)建议人们减少户外活动,外出时最好戴上口罩。

(2)提倡绿色出行,如多走路,多骑自行车,少开车。

(3)科学选择开窗时间。

火灾

当着火失去控制而造成财产损失和人员伤亡等灾难性事件时,就称为火灾。火灾形成原因,除了人为原因外,主要有雷击起火、自燃起火等。

避险要点

(1)要熟悉与火灾有关的安全标志。

(2)在雷电、大风等灾害性天气发生时,要及时关闭电源、煤气等火灾源。

(3)发现火情,及时拨打"119"火警电话。

(4)不可贪恋财物而在室内滞留,判明火情,正确选择逃生路线,用湿毛巾捂严口鼻,迅速脱离火场。

（5）不可乘电梯，不可盲目跳楼，不宜乱躲。在公共场所，不要乱挤乱跑，要有秩序疏散。

山区旅游避险须知

夏天，人们往往喜欢到名山大川旅游度假，景区每年都会接待很多当地和外地游客，由于夏季多雷电、暴雨等恶劣天气，须提防山洪、泥石流等带来的危害。

（1）在山洪、泥石流多发季节（比如夏季），尽量不要组织安排到山洪、泥石流多发山区旅游。

（2）最好聘请一位当地熟悉山区的人当向导。本地居民可以给外来游客提供有效的帮助，灾害发生时，积极帮助游客做好应急措施。

（3）野外扎营时，应选择平整的高地作为营址，不要在有滚石和大量堆积物的山坡下或山谷、沟底扎营。

（4）在沟谷内活动时，一旦遭遇大雨、暴雨，不要轻易涉水过河。在山洪或泥石流发生前已经撤出危险区的人，暴雨停止后应等待一段时间后返回沟内驻地收拾物品。

泸县气象灾害应急预案

A1 总则

A1.1 编制目的

建立健全气象灾害应急响应机制,提高气象灾害防范、处置能力,最大限度地减轻或者避免气象灾害造成人员伤亡、财产损失,为泸县经济和社会发展提供保障。

A1.2 编制依据

依据《中华人民共和国突发事件应对法》《气象灾害防御条例》《四川省气象灾害防御条例》《国家气象灾害应急预案》《四川省突发公共事件总体应急预案》《四川省气象灾害应急预案》《泸县突发公共事件总体应急预案》及其他相关法律法规制定本预案。

A1.3 适用范围

泸县行政区域内干旱、暴雨、寒潮、大风、低温、高温、霜冻、冰冻、大雾和霾等气象灾害的防范和应对。

因气象因素引发旱涝灾害、地质灾害、森林火灾等其他灾害的处置,适用相关专项应急预案的规定。

A1.4 工作原则

分级管理、属地为主。根据灾害造成或可能造成的危害和影响,对气象灾害实施分级管理。灾害发生地人民政府负责本地区气象灾害的应急处置工作。

预防为主、科学高效。实行工程性和非工程性措施相结合,提高气象灾害监测预警能力和防御标准。充分利用现代科技手段,做好各项应急准备,提高应急处置能力。

以人为本、减少危害。把保障人民群众的生命财产安全作为首要任务和应急处置工作的出发点,全面加强应对气象灾害的体系建设,最大程度减少灾害损失。

依法规范、协调有序。依照法律法规和相关职责,做好气象灾害的防范应对工作。加强各镇(街道)及各部门的信息沟通,做到资源共享,并建立协调配合机制,使气象灾害应对工作更加规范有序、运转协调。

A2 组织指挥体系与职责

A2.1 指挥机构组成

应对气象灾害实行各级人民政府行政领导负责制。县政府成立应对气象灾害领导小组,组长由县政府分管副县长担任,副组长由县政府办联系副主任、县应急办主任和县气象局局长担任,有关部门和单位主要负责人为成员。

县应对气象灾害领导小组下设办公室,办公室设在县气象局,主任由县气象局分管局长担任。

成员单位:县人武部、县委宣传部、县发改局、县公安局、县经信局、县民政局、县财政局、县国土局、县教育局、县环保局、县住建局、县交通局、县水务局、县农林局、县卫计局、县文体新广局、县安监局、县食药监局、县气象局、县政府应急办、县武警中队等有关部门组成。

各镇(街道)人民政府相应成立应对气象灾害领导小组。

A2.2 领导小组职责

负责组织领导全县气象灾害的防御和救助工作;按照分级处置的原则,研究解决抢险救灾工作中的重大问题;督促检查和指导各镇(街)和县有关部门的气象灾害防御和救助工作。

A2.3 领导小组办公室职责

负责传达县应对气象灾害领导小组的指示和命令;组织有关部门研究会商灾害发生、发展趋势;组织相关部门和专家对气象灾害进行评估;完成县应对气象灾害领导小组交办的其他工作。

A2. 4　领导小组各成员单位职责

县人武部:按照《军队参加抢险救灾条例》的规定,组织协调驻泸县部队、民兵预备役部队参加抢险救灾工作。

县委宣传部:负责引导社会舆论,指导、协调、督促相关部门做好抢险救灾的宣传报道工作。

县发改局:牵头制定灾后恢复与重建方案;争取国家灾后恢复重建项目资金;调控抢险救灾重要物资和灾区生活必需品价格。

县经信局:负责救援所需的电力、成品油、煤炭、天然气协调;负责协调救援物资的生产和调运;负责组织通信(电信、移动、联通分公司等)行业编制气象灾害应对预案,组织协调基础通信运营企业对受损通信设施和线路开展抢修和恢复工作,保障救灾指挥系统和重要部门的通信畅通。

县教育局:负责指导、督促校园风险隐患排查;根据避险需要制定实施应急预案,确保在校师生安全。

县公安局:负责灾区的社会治安工作。

县民政局:负责气象灾害检查、核实、上报,组织、指导灾民转移安置,负责组织协调倒塌房屋的恢复重建,组织指导社会捐赠(款)。

县财政局:负责应急救灾资金的筹集、拨付、管理和监督。

县国土局:做好地质灾害防治工作的组织、协调、指导和监督工作,具体负责威胁群众生命财产安全的地质灾害的防治工作。

县环保局:负责环境污染的监测预警工作,减轻气象灾害对环境造成的污染和破坏等;指导灾区消除环境污染带来的危害。

县住建局:组织对灾区城镇中被破坏的燃气、市政设施进行抢排险,尽快恢复城市基础设施功能;负责指导旅游系统编制气象灾害应对预案;协调有关部门实施对因灾害滞留灾区的游客的救援;组织受灾村镇恢复重建规划编制。

县交通局:负责督促和指导有关部门做好公路除雪除冰防滑和大雾天气应对,配合公安交管部门做好交通疏导,尽快恢复道路交通;负责协调对被困车辆及人员提供必要的应急救援。

县水务局:负责组织、协调、指导全县防洪、抢险工作;对县内主要河流、水库实施调度,安排、指导灾区水利设施的修复;确保受灾地区的安全饮水。

县农林局:负责编制农业及林业气象灾害应对预案;及时了解和掌握农作物

及林业受灾情况,组织专家对受灾农户恢复生产给予技术指导和服务,指导农民开展生产自救。

县卫计局:负责组织灾区的医疗救治和卫生防疫工作。

县应急办:综合组织协调应急救灾工作。

县文体新广局:运用广播电视媒体及时播报气象灾害预警信息,做好抗灾救灾工作的宣传报道和气象灾害防灾减灾、自救互救相关知识宣传。

县安监局:负责组织、协调安全生产管理工作。

县食药监局:负责组织灾区所需医药用品的调配。及时对灾区食品药品进行安全检查。

县气象局:传达、落实指挥部的决定;为指挥部启动和终止气象灾害应急预案、组织气象防灾减灾提供决策依据和建议;负责灾害性天气、气候的监测,预测和预警信息的发布,并及时有效地提供气象服务信息;负责气象灾害信息的收集、分析、审核和上报工作;组织实施增雨、防雹等人工影响天气作业;协调处理和及时报告气象灾害应急预案实施中的有关问题;完成指挥部交办的其他工作。

县武警中队:参加抢险救灾、森林灭火和消防工作,做好灾区安全保卫和社会秩序维护等工作。

A3　应急准备

A3.1　资金准备

各级人民政府要做好应对气象灾害的资金保障,一旦发生气象灾害,要及时安排和拨付应急救灾资金,确保救灾工作顺利进行。

A3.2　物资储备

各职能部门按照自身职能及行业要求制定气象灾害应急物资储备方案及物资储备管理制度。县、镇人民政府按照"分工协作,统一调配、有备无患"的要求做好气象灾害抢险应急物资的储备,完善调运机制。

A3.3　应急队伍

各级人民政府要加强应急救援队伍的建设。镇(街道)人民政府应当确定应急队伍人员,组织专业培训,利用电子显示屏、网络、短信、大喇叭等积极开展气象灾害防御知识宣传、应急联络、信息传递、灾情调查和灾害报告等工作。

A3.4 预警准备

气象部门应建立和完善预警信息发布系统,与新闻媒体、电信运营企业等建立快速发布机制;新闻媒体、通信运营企业等要按有关要求及时播报和转发气象灾害预警信息。

各镇(街道)、县级各部门收到气象灾害预警信息后,要密切关注天气变化及灾害发展趋势,各应急指挥部成员应立即上岗到位,组织力量深入分析、评估可能造成的影响和危害,尤其要针对气象灾害可能对本县、镇造成的风险隐患,预先开展预防和处置措施,落实抢险队伍和物资,确定紧急避难场所,做好启动应急响应的各项准备工作。

A3.5 预警知识宣传教育

各镇(街道)、县级各部门应组织做好预警信息的宣传教育工作,普及防灾减灾与自救互救知识,增强社会公众的防灾减灾意识,提高自救、互救能力。

A4 监测预警

A4.1 监测预报

(1)监测预报体系建设

各镇(街道)、县级有关部门要按照职责分工加快气象、水文、地质监测预报系统建设,优化加密观测站网,完善国家与地方监测网络,提高对气象灾害及其次生、衍生灾害的综合监测能力。建立和完善气象灾害预测预报体系,加强对灾害性天气事件的分析会商,做好灾害性、关键性、转折性重大天气预报和趋势预测。

(2)信息共享

气象部门及时发布气象灾害监测预报预警信息,并与公安、民政、环保、国土、交通、水务、农林、卫计、安监、经信、民政等相关部门和人武部、武警中队建立相应的气象及气象次生、衍生灾害监测预报预警联动机制,实现相关灾情、险情等信息的实时共享。

(3)灾害普查

气象部门依托基层政府建立以社区、村镇为基础的气象灾害调查收集网络,组织开展气象灾害普查、风险评估和风险区划工作;编制气象灾害防御规划。

A4.2　预警信息发布

（1）发布制度

气象灾害预警信息发布遵循"归口管理、统一发布、快速传播"原则。气象灾害预警信息由县气象局负责制作并按预警级别分级发布,其他任何组织、个人不得制作和向社会发布气象灾害预警信息。

（2）发布内容

气象部门根据对各类气象灾害的发生情况及发展态势,确定预警级别。预警级别分为Ⅳ级(一般)、Ⅲ级(较大)、Ⅱ级(重大)、Ⅰ级(特别重大),具体分级标准见附则。

气象灾害预警信息内容包括气象灾害的类别、预警级别、起始时间、可能影响范围、警示事项、应采取的措施和发布机构等。

（3）发布途径

县人民政府应支持县气象局建立和完善气象灾害预警信息发布系统,并根据气象灾害防御的需要,在交通枢纽、公共场所等人口密集区域和气象灾害易发区域建立气象灾害预警信息接收和播发设施,气象部门保证设施的正常运转。

广播、电视、报纸、通信、网络等媒介应当及时传播当地气象台站提供的气象灾害预警信息,及时增播、插播或者刊登更新的信息。

A5　应急处置

A5.1　信息报告

气象灾害发生后,各级政府及有关部门应按照突发公共事件信息报告的相关要求上报灾情,跟踪掌握灾情动态,续报受灾情况。

A5.2　响应启动

当气象灾害达到预警标准时,县应对气象灾害领导小组办公室及时将预警信息以专报的形式发送到各成员单位,相关部门按照职责进入应急响应状态。

当同时发生两种以上气象灾害且需分别发布不同预警级别时,按照最高预警级别灾种启动应急响应。当同时发生两种以上气象灾害且均没有达到预警标准,但可能或已经造成损失和影响时,根据不同程度的损失和影响在综合评估基础上启动相应级别应急响应。

A5.3　分部门响应

按气象灾害的发生程度和范围,及其引发的次生、衍生灾害类别,各职能部门启动相应的专项应急预案。

A5.4　分灾种响应

气象灾害应急响应启动后,各有关部门和单位要加强值班,密切监视灾情,针对不同气象灾害种类及其影响程度,采取相应的应急响应措施和行动。宣传部门加强对即将出现的气象灾害或气象次生、衍生灾害的宣传、通报,提醒公众加强预防。

(1)干旱

气象部门及时发布干旱预警,适时加密监测预报;加强与相关部门的会商,评估干旱影响;适时组织人工影响天气作业。

农林部门指导农民、林业生产单位等采取管理和技术措施,减轻干旱影响;加强监测监控,做好森林火灾预防和扑救准备工作、森林病虫害预防和除治工作。

水务部门加强旱情、墒情监测分析,合理调度水源,确保安全饮水,组织实施抗旱减灾等方面的工作。

卫计、食药监部门采取措施,防范和应对旱灾导致的食品和饮用水卫生安全问题所引发的突发公共卫生事件。

民政部门采取应急措施,做好物资准备,并负责因旱缺水缺粮群众的临时生活救助。

环保部门加强监控,督查相关企业减少污染物排放;确保水环境、特别是饮用水源的安全,防止污染事故的发生。

相关应急处置部门和抢险单位随时准备启动抢险应急方案。

(2)暴雨

气象部门及时发布暴雨预警,加强与水务、国土等部门的会商,适时加密监测预报。

水务防汛部门进入相应应急响应状态,及时启动相应预案;组织开展洪水调度、堤防水库工程巡护查险、防汛抢险工作,提出避险转移建议和指导意见。

国土部门进入相应应急响应状态,及时启动地质灾害应急预案;会同住建、水务、交通等部门查明地质灾害发生原因、影响范围等情况,提出应急治理措施,减轻和控制地质灾害灾情。

住建部门组织镇(街道)进行城镇危房排查,提出避险转移建议和指导意见。

民政部门负责受灾群众的紧急转移安置并提供临时生活救助。

教育部门根据预警信息,指导督促各类学校做好停课等应急准备。

公安、交通部门对受灾地区和救援通道实行交通引导或管制,加强船舶航行安全监管。

农林部门针对农林业生产制定防御措施,指导抗灾救灾和灾后恢复生产。

经信部门组织、协调电力公司加强电力设施检查和电网运营监控,及时排除危险、排查故障。

相关应急处置部门和抢险单位随时准备启动抢险应急方案。

(3)低温、冰冻

气象部门及时发布低温、冰冻等预警,适时加密监测预报。

公安部门加强交通秩序维护,疏导行驶车辆;必要时,关闭高速公路或易发生交通事故的县、镇结冰路段。

交通部门及时发布路况信息,提醒驾驶人员做好防冻和防滑措施;会同公安部门采取措施,保障道路通行安全。

住建、水务等部门指导供水系统落实防范措施。

卫计部门采取措施保障医疗卫生服务正常开展,并组织做好伤员医疗救治和卫生防疫工作。

民政部门负责受灾群众的紧急转移安置,并为受灾群众和车站、码头、公路等处滞留人员提供临时生活救助。

农林部门制定并指导实施农作物、水产养殖、畜牧业、林木、种苗采取必要的防护措施。

经信部门组织、协调电力公司加强电力调配、设备巡查养护;做好电力设施设备覆冰应急处置工作。

相关应急处置部门和抢险单位随时准备启动抢险应急方案。

(4)寒潮、霜冻

气象部门及时发布寒潮、霜冻预警,适时加密监测预报,及时对寒潮、霜冻影响进行综合分析和评估。

民政部门采取防寒救助措施,加强御寒物资储备,针对贫困群众、流浪人员采取紧急防寒防冻措施。

农林部门指导果农、水产养殖户、林农、菜农采取防寒和防冻措施。

卫计部门加强低温寒潮相关疾病防御知识宣传教育,并组织做好医疗救治工作。

交通部门及时发布路况信息,提醒驾驶人员做好防冻和防滑措施;会同公安交警部门采取措施,保障道路通行安全。

相关应急处置部门和抢险单位随时准备启动抢险应急方案。

(5)大风

气象部门及时发布大风预警,适时加密监测预报。

住建、经信、交通等部门组织力量巡查、加固城市公共基础设施,指导督促高空、水上、户外等作业人员采取防护措施。

教育部门根据预警信息,指导督促各类学校做好停课等应急准备。

农林部门指导农业生产单位、农户、水产、畜牧养殖户采取防风措施;密切关注大风等高火险天气情况,指导开展森林火灾的预防和处置工作。

环保部门做好环境监测,在污染事件发生时,采取有效措施减轻污染危害。

经信部门组织、协调电力公司加强电力设施检查和电网运营监控,及时排除危险、排查故障。

各单位加强本责任区内检查,尽量避免或停止露天集体活动;各镇(街道)、村、居委会、物业等部门应及时通知居民妥善放置易受大风影响的室外物品。

相关应急处置部门和抢险单位随时准备启动抢险应急方案。

(6)高温

气象部门及时发布高温预警,适时加密监测预报,及时对高温影响进行综合分析和评估。

经信部门组织、协调电力公司加强电力调配,保障居民和重要电力用户用电;加强设备巡查、养护,及时排查故障。

住建、水务等部门协调做好用水安排,保障群众生活生产用水;指导户外和高温作业人员做好防暑工作,必要时调整作息时间,或采取停止作业措施。

卫计部门采取措施应对可能出现的高温中暑事件。

农林部门指导果农、水产养殖户、林农、菜农采取高温预防措施;指导群众在高火险天气情况下森林火灾的预防和处置工作。

相关应急处置部门和抢险单位随时准备启动抢险应急方案。

(7)大雾、霾

气象部门及时发布大雾和霾预警,适时加密监测预报,及时对大雾、霾的影响进行综合分析和评估。

经信部门组织、协调电力公司加强电网运营监控,采取措施消除和减轻设备污闪故障。

公安部门加强对车辆的指挥和疏导,维持道路交通秩序。

交通部门及时发布路况和航道信息,加强道路和水上运输安全监管。

相关应急处置部门和抢险单位随时准备启动抢险应急方案。

A5.5 现场处置

气象灾害现场应急处置由灾害发生地人民政府或相应应急指挥机构统一组织,各部门依职责参与应急处置工作。包括组织营救、伤员救治、避险转移安置,及时上报灾情和人员伤亡情况,分配救援任务,协调各级各类救援队伍的行动,查明并及时组织力量消除或规避次生、衍生灾害,组织公共设施的抢修和援助物资的接收与分配。

A5.6 社会力量动员与参与

气象灾害事发地的各级人民政府或应急指挥机构可根据气象灾害事件的性质、危害程度和范围,广泛调动社会力量积极参与气象灾害突发事件的处置,紧急情况下可依法征用、调用车辆、物资、人员等。

气象灾害事件发生后,灾区镇(街道)或相应应急指挥机构组织各方面力量抢救人员,组织基层单位和人员开展自救和互救;邻近镇(街道)根据灾情组织和动员社会力量,对灾区提供救助。

鼓励自然人、法人或者其他组织(包括国际组织)按照《中华人民共和国公益事业捐赠法》等有关法律法规的规定进行捐赠和援助。民政、审计、监察部门对捐赠资金与物资的使用情况进行督促管理、审计和监督。

A5.7 信息公布

气象灾害的信息公布应当及时、准确、客观、全面,灾情由民政部门为主收集并报经县主要领导审批后统一公布。

信息公布形式主要包括权威发布、提供新闻稿、组织报道、接受记者采访、举行新闻发布会等。

信息公布内容主要包括气象灾害种类及其次生、衍生灾害的监测和预警,因灾伤亡人员、经济损失、救援情况等。

A5.8 应急终止或解除

气象灾害得到有效处置后,经评估,短期内灾害影响不再扩大或已减轻,气象部门发布灾害预警降低或解除信息,经县应对气象灾害领导小组同意,启动应急响应的机构或部门降低应急响应级别或终止响应。

A6 恢复与重建

A6.1 制订规划和组织实施

县人民政府组织有关部门配合受灾地人民政府(街道办事处)制订恢复重建计划,尽快组织修复被破坏的学校、医院等公益设施及交通运输、水利、电力、通信、供排水、供气、输油、广播电视等基础设施,使受灾地区早日恢复正常的生产生活秩序。发生特别重大灾害,超出事发地人民政府(街道办事处)恢复重建能力的,为支持和帮助受灾地区积极开展生产自救、重建家园,制订恢复重建规划,县人民政府出台相关扶持优惠政策,组织财政等相关部门积极争取上级资金给予支持。同时,建立部门与镇(街道)、村(社区)、社之间,各镇(街道)之间的对口支援机制,为受灾地区提供人力、物力、财力、智力等各种形式的支援。积极鼓励和引导社会各方面力量参与灾后恢复重建工作。

A6.2 调查评估

灾害发生地人民政府或应急指挥机构应当组织有关部门对气象灾害造成的损失及气象灾害的起因、性质、影响等问题进行调查、评估与总结,分析气象灾害应对处置工作经验教训,提出改进措施。灾情核定由民政部门会同有关部门开展。灾害结束后,灾害发生地人民政府或应急指挥机构应将调查评估结果与应急工作情况报送上级人民政府。

A6.3 征用补偿

气象灾害应急工作结束后,各镇(街道)应及时归还因救灾需要临时征用的房屋、运输工具、通信设备等;造成损坏或无法归还的,应按有关规定采取适当方式给予补偿或做其他处理。

A6.4 灾害保险

鼓励公民积极参加气象灾害事故保险。保险机构应当根据灾情,主动办理受灾人员和财产的保险理赔事项。保险监管机构依法做好灾区有关保险理赔和给付的监管。

A7 预案管理

(1)本预案是县政府指导应对气象灾害的专项预案,根据实际需要进行修订和完善。

(2)各镇(街道)应制定本行政区域内的应对气象灾害专项预案,并报县人民政府备案。

(3)有关部门、企事业单位和村(社区)应当制定应对气象灾害工作方案。

(4)本预案由县气象局和县政府应急办负责解释。

(5)本预案自发布之日起实施。

A8 附则

A8.1 奖励

(1)各级政府对有效监测预警、预防和应对、组织指挥、抢险救灾工作中做出突出贡献的单位和个人,按照有关规定给予表彰和奖励。

(2)对因参与气象灾害抢险救援工作中致病、致残、死亡的人员,按照国家有关规定,给予相应的补助和抚恤。

A8.2 责任追究

对不按法定程序履行工作职责、不按规定及时发布预警信息、不及时采取有效应对措施,造成人员伤亡和重大经济损失的单位和有关责任人,依照有关法律法规规章的规定,给予通报批评和行政处分。对因失职、渎职造成重大损失的,将依法对其主要责任人、负有责任的主管人员和其他责任人员追究相应的法律责任。

A8.3 气象灾害预警标准

(1)干旱

橙色预警(Ⅱ级):泸县 12 个以上镇(街道)达到气象干旱重旱等级,且至少 8 个镇(街道)部分地区出现气象干旱特旱等级,影响特别严重,预计干旱天气或干旱范围进一步发展。

黄色预警(Ⅲ级):泸县 8 个镇(街道)大部地区达到气象干旱重旱等级,且至少 4 个镇(街道)部分地区出现气象干旱特旱等级,影响严重,预计干旱天气或干旱范围进一步发展。

蓝色预警（Ⅳ级）：泸县4个镇（街道）大部地区达到气象干旱重旱等级，预计干旱天气或干旱范围进一步发展。

（2）暴雨

红色预警（Ⅰ级）：过去48小时泸县12个以上镇（街道）连续出现日雨量100毫米以上降雨，影响特别严重，且预计未来24小时上述地区仍将出现100毫米以上降雨。

橙色预警（Ⅱ级）：过去48小时8个以上镇（街道）连续出现日雨量100毫米以上降雨，影响严重，且预计未来24小时上述地区仍将出现50毫米以上降雨；或者预计未来24小时4个及以上镇（街道）将出现150毫米以上降雨。

黄色预警（Ⅲ级）：过去24小时泸县8个及以上镇（街道）出现50毫米以上降雨，且预计未来24小时上述地区仍将出现50毫米以上降雨；或者预计未来24小时有4个及以上镇（街道）将出现100毫米以上降雨。

蓝色预警（Ⅳ级）：预计未来24小时泸县4个及以上镇（街道）将出现50毫米以上降雨。

（3）寒潮

橙色预警（Ⅱ级）：预计未来泸县48小时内16个及以上镇（街道）日平均气温下降8℃以上，且日平均气温降至4℃以下。

黄色预警（Ⅲ级）：预计未来泸县48小时内12个及以上镇（街道）日平均气温下降6℃以上，且日平均气温降至4℃以下。

蓝色预警（Ⅳ级）：预计未来泸县48小时内8个及以上镇（街道）日平均气温下降6℃以上，且日平均气温降至4℃以下。

（4）大风

橙色预警（Ⅱ级）：预计未来泸县48小时内将出现8级及以上大风天气。

黄色预警（Ⅲ级）：预计未来泸县48小时内将出现8级大风天气。

（5）低温

黄色预警（Ⅲ级）：过去72小时泸县出现日平均气温较常年同期偏低5℃以上的持续低温天气，预计未来48小时日平均气温持续偏低5℃以上（11月至翌年3月）。

蓝色预警（Ⅳ级）：过去24小时泸县出现日平均气温较常年同期偏低5℃以上的低温天气，预计未来48小时日平均气温持续偏低5℃以上（11月至翌年3月）。

（6）高温

橙色预警（Ⅱ级）：过去 48 小时泸县 16 个及以上镇（街道）持续出现最高气温达 38 ℃及以上，其中有 8 个及以上镇（街道）达 40 ℃及以上高温天气，且预计未来 48 小时上述地区高温天气仍将持续出现。

黄色预警（Ⅲ级）：过去 48 小时泸县 12 个及以上镇（街道）持续出现最高气温达 38 ℃及以上高温天气，且预计未来 48 小时上述地区高温天气仍将持续出现。

蓝色预警（Ⅳ级）：预计未来 48 小时泸县 12 个及以上镇（街道）大部地区将持续出现最高气温为 38 ℃及以上，或者已经出现并可能持续。

（7）霜冻

蓝色预警（Ⅳ级）：预计未来 24 小时泸县将出现霜冻天气（12 月至翌年 2 月）。

（8）冰冻

橙色预警（Ⅱ级）：泸县日平均气温已持续 5～10 天在 3 ℃或以下并伴有雨雪天气，未来 3～5 天低温雨雪天气仍将继续维持，并可能造成特别严重影响。

黄色预警（Ⅲ级）：泸县日平均气温已降至 4 ℃或以下并伴有雨雪天气，未来 3～5 天低温雨雪天气仍将继续维持，并可能造成严重影响。

（9）大雾

黄色预警（Ⅲ级）：预计未来 24 小时泸县将出现能见度小于 200 米的雾，或者已经出现并可能持续。

蓝色预警（Ⅳ级）：预计未来 24 小时泸县大部地区将出现能见度小于 500 米的雾，或者已经出现并可能持续。

（10）霾

蓝色预警（Ⅳ级）：预计未来 24 小时泸县大部地方将出现能见度小于 2000 米的霾；或者已经出现并可能持续。

表 A-1　各类气象灾害预警分级表

灾种 分级	干旱	暴雨	寒潮	大风	低温	高温	霜冻	冰冻	大雾	霾
Ⅰ		√								
Ⅱ	√	√	√	√		√		√		
Ⅲ	√	√	√	√	√	√		√	√	
Ⅳ	√	√	√		√	√	√		√	√

泸县气象灾害调查评估制度

（1）为了及时、准确、主动地为政府提供气象灾害信息，根据《气象灾情收集上报调查和评估试行规定》的文件精神，制定本制度。

（2）气象灾害是指由气象原因直接或间接引起的，给人类和社会经济造成损失的灾害现象。包括台风、暴雨洪涝、干旱、大风、冰雹、雷电、雪灾、低温冷害、冻害、沙尘暴、高温热浪、大雾、连阴雨、干热风、凌汛、地质灾害、风暴潮、寒潮、森林草原火灾、大气污染及其他共 21 类。气象灾情的收集和上报中灾害类别必须严格按照上述 21 类进行填写，不得随意增加其他灾害类别。

（3）气象情报和灾情的报告内容

气象灾情上报内容包括气象灾害基本情况以及气象灾害的社会经济影响等 16 类共 96 项，各项的字段属性、单位及说明等详见《全国气象灾情收集上报技术规范》。

a. 基本信息：记录编号、省（自治区、直辖市）、市（地、州）、县（区、市）、县编码、灾害发生地名称、灾害类别、应归属的常见灾害名称、伴随灾害、灾害开始日期、灾害结束日期、气象要素实况、灾害影响描述。

b. 社会影响：受灾人口、死亡人口、失踪人口、受伤人口、被困人口、饮水困难人口、转移安置人口、倒塌房屋、损坏房屋、引发的疾病名称、发病人口、停课学校、直接经济损失、其他社会影响。

c. 农业影响：受灾农作物名称、农作物受灾面积、农作物成灾面积、农作物绝收面积、损失粮食、损坏大棚、农业经济损失、农业其他影响。

d. 畜牧业影响:影响牧草名称、牧草受灾面积、死亡大牲畜、死亡家禽、饮水困难牲畜、畜牧业经济损失、畜牧业其他影响。

e. 水利影响:水毁大型水库、水毁中型水库、水毁小型水库、水毁塘坝、水毁沟渠长度、堤坝决口情况、水情信息、水利经济损失、水利其他影响。

f. 工业影响:停产工厂、工业设备损失、工业经济损失、工业其他影响。

g. 林业影响:林木损失、林业受灾面积、林业经济损失、林业其他影响。

h. 渔业影响:捕捞船只翻(沉)数量、捕捞船只翻(沉)总吨位、渔业影响面积、渔业经济损失、渔业其他影响。

i. 交通影响:飞机航班延误架次、交通工具(汽车火车)停运时间、交通工具(飞机汽车等)损毁、铁路损坏长度、公路损坏长度、水上运输翻(沉)船只数量、滞留旅客数、道路堵塞、交通经济损失、交通其他影响。

j. 电力影响:电力倒杆数、电力倒塔数、电力断线长度、电力中断时间、电力经济损失,电力其他影响。

k. 通讯影响:通讯中断时间、通讯经济损失,通讯其他影响。

l. 商业影响:停业商店数、商业经济损失、商业其他影响。

m. 基础设施影响:损坏桥梁涵洞、基础设施经济损失、基础设施其他影响。

n. 其他行业影响:指灾害对除前面所列所有行业之外的其他行业的影响。

o. 图像视频信息:图片文件及其信息说明、视频文件及其信息说明。

p. 说明:数据来源、备注。

(4)气象灾情收集、整理和上报

值班员应及时从应急办、民政局等有关部门获取灾情及影响数据,灾情数据来源应确保合法可靠。

a. 灾情直报:当发生第 2 条所涉及的气象灾害时,气象台应当在灾害发生的 2 小时内及时进行灾情数据收集和初报;按照上报终端内容、格式、单位认真填写灾情;灾情填写后应由带班领导审核批准;在灾情发生 6 小时内,通过气象灾害管理系统上报重要灾情;对于需要更新或者修订的数据应在 12～24 小时内及时更正并经过确认审核后上报。

b. 灾情月报、年报:气象台应在次月 2 日前在气象灾害管理系统上报当月灾情月报,若当月无灾,须进行无灾上报;灾情年报为次年 1 月 2 日以前完成。

对于跨月发生的灾害性天气过程,上报上月灾情月报时只填写当月的灾情,灾害的结束日期填写当月最后一天的日期,但在下一个月上报时应按完整的灾害过程上报。在最后的灾情年报上报时应注意整理这种跨月的灾情记录,避免灾情数据的重复。

(5)气象灾情调查评估

气象灾害评估分级处置标准,按照人员伤亡、经济损失的大小,分为4个等级。

a.特大型:因灾死亡100人(含)以上或者伤亡总数300人(含)以上,或者直接经济损失10亿元(含)以上的。

b.大型:因灾死亡30人(含)以上100人以下,或者伤亡总数100人(含)以上300人以下,或者直接经济损失1亿元(含)以上10亿元以下的。

c.中型:因灾死亡3人(含)以上30人以下,或者伤亡总数30人(含)以上100人以下,或者直接经济损失1000万元(含)以上1亿元以下的。

d.小型:因灾死亡1(含)到3人,或者伤亡总数10人(含)以上30人以下,或者直接经济损失100万元(含)以上1000万元以下的。

B1 气象灾害的调查

灾害发生后,气象信息员和助理员应及时走访调查,对气象灾害发生地、灾害类别、开始结束日期和时间、天气条件描述、灾害影响描述、灾害对各个行业的影响等进行全面调查,了解气象信息的传播程度,针对灾害性天气是否采取了防御措施,以及采取防御措施后是否避免或减少了损失。以应急办与民政部门为主体,对气象灾害所造成的损失进行全面调查,水利、农业、林业、气象、国土、建设、交通等部门按照各部门职责共同参与调查,及时提供并交换水文灾害、重大农业灾害、重大森林火灾、地质灾害、环境灾害等信息。气象部门还应当重点调查分析灾害的成因。

B2 气象灾害的评估

市、区县气象局应当开展气象灾害的预评估、灾中评估和灾后评估工作。

灾前预评估:在灾害发生之前,根据灾害预报预警信息,结合气象灾害风险区划(致灾因子危险性、孕灾环境敏感性、承灾体易损性、防灾抗灾能力)等,在灾前预先估测气象灾害强度、影响区域、影响程度、影响行业、气象灾害的损失等,提出防御对策建议,指导启动相应等级的防灾预案,科学合理地开展防灾工作。

灾中评估:对于影响时间较长的干旱、低温冷害、黑白灾、洪涝等灾害,进行灾中评估。跟踪气象灾害的发展,快速反应灾情实况,预估灾害扩大损失和减灾效益。开展气象灾害实地调查,并及时与民政、水利、农业、林业、国土、电业、交通等部门交换、核对灾情信息,按灾情直报规程报告上级气象主管机构和本级政府。

灾后评估:灾后对气象灾害成因、灾害影响以及监测预警、应急处置和减灾效益做出全面评估,编制气象灾害评估报告,为政府及时安排救灾物资、划拨救灾经费、科学规划和设计灾后重建工程等提供依据。在充分调查研究当前灾情并与历史灾情进行对比的基础上,不断修正完善气象灾害风险区划、应急预案和防御措施,更好地应用于防灾减灾工作。